Seth Godin

Das ist Marketing!

Seth Godin

Das ist Marketing!

So wird man wirklich sichtbar

Übersetzung aus dem Englischen von Silvia Kinkel

REDLINE | VERLAG

Bibliografische Information der Deutschen Nationalbibliothek
Die Deutsche Nationalbibliothek verzeichnet diese Publikation in der Deutschen Nationalbibliografie. Detaillierte bibliografische Daten sind im Internet über https://dnb.de abrufbar.

Für Fragen und Anregungen
info@m-vg.de

4. Auflage 2025

Türkenstraße 89
80799 München
Tel.: 089 651285-0

Die englische Originalausgabe erschien bei Portfolio, einem Verlag der Penguin Publishing Group, einem Geschäftsbereich von Penguin Random House LLC unter dem Titel *This is Marketing*.

Übersetzung: Silvia Kinkel, Königstein
Redaktion: Christiane Otto, München
Umschlaggestaltung: Georg Feigl, München
Satz: ZeroSoft, Timisoara
Druck: GGP Media GmbH, Pößneck
Printed in Germany

ISBN Print 978-3-86881-759-1
ISBN E-Book (EPUB, Mobi) 978-3-96267-141-9

Für Leo, Anna, Mo, Sammy, Alex, Bernadette und Shawn...
Und für all die frischen Stimmen, die unser Leben verbessern.

Inhalt

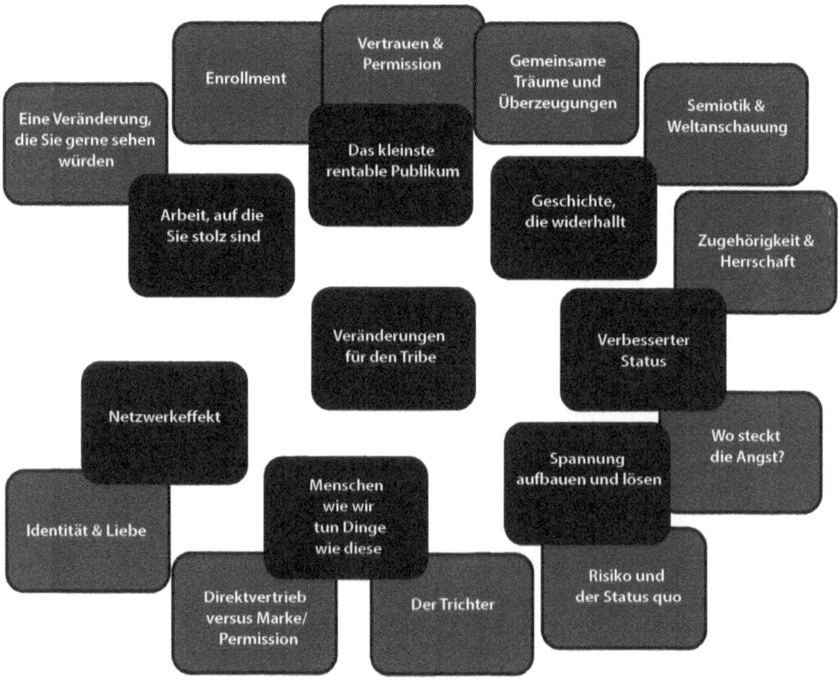

(Eine Skizze, die Ihnen zeigt, was alles auf Sie zukommt)

Marketing ist überall. Von Ihren frühesten Erinnerungen bis zu dem Moment, als Sie dieses Buch aufgeschlagen haben, immerzu werden Sie von Marketing überflutet. Sie haben gelernt, die Firmenlogos zu lesen, die die Straße säumen, und Sie geben Ihre Zeit und Ihr Geld für das aus, was Marketer Ihnen vorsetzen. Marketing ist nicht nur ein See oder Wald, es ist die Landschaft unseres modernen Lebens.

Weil Marketing schon so lange auf uns einwirkt, sehen wir es als selbstverständlich an. Wie der Fisch, der keine Vorstellung von Wasser hat, erkennen wir nicht, was wirklich geschieht, und bemerken nicht, wie es uns verändert.

Es ist an der Zeit, Marketing anders einzusetzen. Dinge zu verbessern. Eine Änderung in der Welt herbeizuführen, die Sie freuen würde. Um Ihr Projekt wachsen zu lassen, klar, aber vor allem, um den Menschen zu dienen, die Ihnen am Herzen liegen.

Die Antwort auf so ziemlich jede Frage über die Arbeit lautet: »Wem können Sie helfen?«

Das ist Marketing

- Marketing strebt nach *mehr*. Mehr Marktanteil, mehr Kunden, mehr Arbeit.
- Marketing wird angetrieben durch das Streben nach besser. Besserer Service, bessere Gemeinschaft, bessere Ergebnisse.
- Marketing schafft Kultur. Status, Zugehörigkeit und Menschen wie uns.
- Vor allem bedeutet Marketing Veränderung.
- Verändern Sie die Kultur, verändern Sie Ihre Welt.
- Marketer führen Veränderungen herbei.
- Jeder von uns ist Marketer, und jeder von uns ist in der Lage, größere Veränderungen vorzunehmen, als wir dachten. Unsere Chance und unsere Verpflichtung bestehen darin, ein Marketing zu betreiben, auf das wir stolz sind.

Wie groß ist Ihre Sonnenblume?

Das ist das, worüber sich die meisten Menschen scheinbar sorgen. Wie groß ist eine Marke, wie hoch ist der Marktanteil, wie viele Online-Follower hat sie. Zu viele Marketer ziehen die meiste Zeit eine Riesenshow ab, um nur ein klein wenig größer zu werden.

Aber große Sonnenblumen haben tiefe und komplexe Wurzeln. Ohne sie würden sie nie sehr groß werden.

Dieses Buch beschäftigt sich mit den Wurzeln. Es geht um das Verankern Ihrer Arbeit tief in den Träumen, Wünschen und Gemeinschaften jener, denen Sie dienen wollen. Es geht um die Veränderung von Menschen zum Besseren, zur Schaffung einer Arbeit, auf die Sie stolz sein können. Und es geht darum, ein Markttreiber und nicht nur marktgesteuert zu sein.

Wir können eine Arbeit verrichten, die für die Menschen von Bedeutung ist. Und wenn Sie so sind, wie die meisten meiner Leser, glaube ich nicht, dass Sie einen anderen Weg gehen wollen.

Es vermarktet sich nicht selbst

Die besten Ideen werden nicht sofort akzeptiert. Sogar der Eisbecher und das Bremslicht haben Jahre gebraucht, um Fuß zu fassen.

Das liegt daran, dass die besten Ideen bedeutende Veränderungen erfordern. Sie stellen den Status quo in Frage, und Trägheit ist eine starke Kraft.

Es gibt nämlich viel Lärm und viel Misstrauen. Veränderung ist riskant.

Und oft ist es uns lieber, wenn andere anfangen.

Ihre großzügigste und aufschlussreiche Arbeit braucht Unterstützung, um die Menschen zu finden, denen sie dienen soll. Und Ihre erfolgreichste Arbeit wird sich verbreiten, weil Sie sie genau dafür gestaltet haben.

Marketing ist mehr als das Verkaufen von Seife

Wenn Sie eine TED-Rede halten, ist das Marketing.

Wenn Sie Ihren Chef nach einer Gehaltserhöhung fragen, betreiben Sie Marketing.

Wenn Sie Geld für den lokalen Spielplatz sammeln, ist das Marketing.

Und ja, wenn Sie versuchen, Ihre Arbeitsabteilung zu vergrößern, ist auch das Marketing.

Lange Zeit, als Marketing und Werbung gleichgesetzt wurden, war Marketing den Vice Presidents mit einem Budget vorbehalten.

Und jetzt steht es Ihnen zur Verfügung.

Der Markt entscheidet

Sie haben etwas Erstaunliches geschaffen. Sie müssen Ihren Lebensunterhalt verdienen. Ihr Chef will mehr Umsatz. Diese gemeinnützige Organisation, die Ihnen etwas bedeutet, muss Geld sammeln. Ihr Kandidat schneidet in Umfragen schlecht ab. Sie wollen, dass der Chef Ihr Projekt genehmigt …

Warum funktioniert es nicht? Wenn es eigentlich um das Gestalten geht, wenn das Schreiben und die Malerei und das Bauen so viel Spaß machen, warum sorgen wir uns darüber, ob wir finanziert, anerkannt, veröffentlicht, gesendet oder anderweitig kommerzialisiert werden?

Marketing ist das Anstoßen einer Veränderung. Machen genügt nicht. Sie haben so lange nichts bewirkt, bis Sie jemanden verändert haben.

Die Meinung des Chefs verändert.

Das Schulsystem verändert.

Die Nachfrage nach Ihrem Produkt verändert.

Sie können das tun, indem Sie Spannung erzeugen und dann lösen. Durch das Etablieren kultureller Normen. Durch das Erkennen von Statusrollen und dem Beitrag, sie zu ändern (oder aufrechtzuerhalten).

Aber zuerst müssen Sie das sehen. Dann müssen Sie mit Menschen arbeiten wollen, um ihnen beim Finden dessen zu helfen, wonach sie suchen.

Woher Sie wissen, ob Sie ein Marketingproblem haben

Sie haben nicht genug zu tun.

Ihre Ideen verbreiten sich nicht.

Die Gemeinschaft, zu der Sie gehören, ist nicht so, wie sie sein könnte.

Die Menschen, die Ihnen wichtig sind, erreichen nicht alles, was sie erhofft haben.

Ihr Politiker braucht mehr Stimmen, Ihre Arbeit füllt Sie nicht aus, Ihre Kunden sind frustriert …

Wenn Sie eine Möglichkeit sehen, Dinge zu verbessern, haben Sie jetzt ein Marketingproblem.

Die Antwort auf einen Film

Der Filmemacher und Fernsehserienschöpfer Brian Koppelman verwendet den Ausdruck »die Antwort auf einen Film«, als wäre ein Film ein Problem.

Aber natürlich ist er das. Und zwar das Problem, den Zuschauer (oder den Produzenten oder den Schauspieler oder den Regisseur) zu erschließen. Andere dazu zu bringen, sich darauf einzulassen (Enrollment). Ihnen die Chance zu geben, Ihre Geschichte zu erzählen und, noch besser, diese Geschichte etwas bewirken zu lassen.

So wie ein Film ein Problem ist, ist es auch die Geschichte Ihres Marketings. Sie muss beim Zuhörer auf Resonanz stoßen, ihm etwas erzählen, auf das er gewartet hat, etwas, das zu glauben er bereit ist. Sie muss ihn zu einer Reise einladen, bei der eine Veränderung geschehen könnte. Und dann, wenn Sie alle diese Türen geöffnet haben, muss sie das Problem lösen, das Versprechen einhalten.

Sie haben eine Marketingfrage, und es ist möglich, dass es eine Antwort gibt.

Aber nur, wenn Sie danach suchen.

Ihre Arbeit zu vermarkten ist eine Beschwerde auf dem Weg zu etwas Besserem

Es heißt, die beste Art, sich zu beklagen, ist das Verbessern.

Das ist schwer, wenn Sie es nicht allen sagen, Ihre Ideen mitteilen oder für Ihre Arbeit bezahlt werden können.

Der erste Schritt auf dem Weg des Verbesserns ist, bessere Dinge zu machen.

Aber das »Besser« hängt nicht nur von Ihnen ab. Besser kann nicht in einem Vakuum stattfinden.

»Besser« ist die Veränderung, die wir sehen, wenn der Markt unser Angebot annimmt. »Besser« ist, was geschieht, wenn die Kultur unsere Arbeit aufnimmt und sich verbessert. »Besser« ist, wenn wir die Träume jener wahr werden lassen, denen wir dienen.

Marketer verbessern, indem sie Veränderungen anstoßen.

Andere an Ihrem Weg zum Besseren teilhaben zu lassen, nennt sich Marketing. Und genau das können Sie tun. Wir alle können das.

Mehr zu den Ideen in diesem Buch finden Sie auf
www.TheMarketingSeminar.com

KAPITEL EINS

Keine Masse, kein Spam, keine Schande …

Marketing hat sich verändert, aber unsere Vorstellung, was wir als Nächstes tun sollen, hat sich nicht mit entwickelt. Wenn wir zweifeln, schreien wir einfach lauter. Wenn wir mit dem Rücken zur Wand stehen, halten wir Angriff für die beste Verteidigung, stehlen bei der Konkurrenz, anstatt den Markt zu vergrößern. Unter Druck gesetzt gehen wir davon aus, dass jeder genauso ist wie wir, aber keine Ahnung hat.

Wir erinnern uns vor allem daran, in einer Massenmarktwelt aufgewachsen zu sein, in der uns das Fernsehen und die Top-40-Hits definierten. Als Marketer wollen wir die altmodischen Tricks wiederholen, die aber nicht mehr funktionieren.

Der Kompass weist in Richtung Vertrauen

Ungefähr alle 300.000 Jahre dreht sich das Magnetfeld der Erde: Der Nordpol wird zum Südpol.

In unserer Kultur geschieht das wesentlich öfter.

Und in der Welt des Kulturwandels ist es gerade passiert. Der wahre Norden, die Methode, die am besten funktioniert, hat sich gedreht. Statt auf egoistische Masse verlässt sich wirksames Marketing jetzt auf Einfühlungsvermögen und Service.

In diesem Buch arbeiten wir gemeinsam daran, eine Reihe zusammenhängender Probleme zu beheben. Daran, wie man Ihre Ideen verbreitet. Wie man die Wirkung erzielt, die Sie anstreben. Wie man die Kultur verbessert.

Es gibt keine eindeutige Landkarte. Keine simplen Schritt-für-Schritt-Taktiken. Aber was ich Ihnen versprechen kann, ist ein Kompass: ein wahrer Norden. Eine rekursive Methode, die immer besser werden wird, je mehr Sie diese einsetzen.

Dieses Buch basiert auf einem Hunderttage-Seminar, das nicht nur Unterrichtsstunden, sondern auch ein Peer-to-Peer-Coaching über Zusammenarbeit beinhaltet. Auf TheMarketingSeminar.com versammeln wir Tausende Marketer und fordern sie auf, tiefer zu gehen, ihre Reise miteinander zu teilen, einander herauszufordern, um zu sehen, was tatsächlich funktioniert.

Während Sie weiterlesen, zögern Sie nicht, zurückzugehen, eine Annahme zu korrigieren, eine bestehende Vorgehensweise infrage zu stellen — Sie können anpassen, testen, messen und wiederholen.

Marketing ist eine unserer größten Berufungen. Es ist die Arbeit des positiven Veränderns. Ich freue mich, dass Sie an dieser Reise teilnehmen, und ich hoffe, dass Sie die Werkzeuge finden werden, die Sie dazu benötigen.

Marketing ist kein Kampf oder Krieg, nicht einmal ein Wettbewerb

Marketing ist die großzügige Tat, jemandem beim Lösen eines Problems zu helfen. Seines Problems.

Es ist eine Chance, die Kultur zum Besseren zu verändern.

Schreien, drängen oder Zwang auszuüben hat wenig mit Marketing zu tun.

Stattdessen ist es eine Chance, zu dienen.

Das Internet ist das erste Massenmedium, das nicht erfunden wurde, um Marketer glücklich zu machen. Das Fernsehen wurde erfunden, um Werbespots zu schalten, und das Radio wurde erfunden, um Werbung zu senden.

Aber das Internet basiert nicht auf Unterbrechung durch das Einblenden von Werbung und Masse. Es ist das größte Medium und auch das kleinste. Es gibt keine Masse, und Sie können Aufmerksamkeit nicht für einen Penny auf die Weise stehlen, wie es Unternehmen zur Zeit Ihrer Großeltern taten. Um ganz deutlich zu sein: Das Internet versteht sich als riesengroßer, freier Medienspielplatz, ein Ort, an dem alle Ihre Ideen es verdienen, von so ziemlich jedem gesehen zu werden. Tatsächlich ist es unzähliges Geflüster, eine endlose Reihe egoistischer Gespräche, die selten Sie oder Ihre Arbeit einschließen.

Die Magie der Anzeigen ist eine Falle, die uns davon abhält, eine sinnvolle Geschichte zu entwickeln

Lange Zeit war der effizienteste Weg für ein kommerzielles Unternehmen, um große Veränderungen zu bewirken, einfach: Anzeigen kaufen. Anzeigen funktionierten. Anzeigen waren ein Schnäppchen. Anzeigen machten sich bezahlt. Außerdem machte es Spaß, sie zu produzieren. Man konnte viele auf einen Schlag kaufen. Sie haben Sie (oder Ihre Marke) ein wenig berühmt gemacht. Und sie waren zuverlässig: Das ausgegebene Geld entsprach erzielten Umsätzen.

Ist es da ein Wunder, dass Marketer ziemlich schnell entschieden, dass ihre Aufgabe die Werbung war? Während des größten Teils meines Lebens *war* Marketing Werbung.

Und dann galt das auf einmal nicht mehr.

Was bedeutet, dass Sie stattdessen ein Marketer werden müssen.

Das bedeutet, zu sehen, was andere sehen. Spannung aufzubauen. Übereinstimmung mit Gruppen. Ideen zu generieren, die sich verbreiten. Es bedeutet, die harte Arbeit zu tun, markt-gesteuert zu werden und mit diesem (Ihrem Teil-)Markt zu arbeiten.

Über das Verbreiten der Nachricht (genau die falsche Frage)

»Wie kann ich die Nachricht verbreiten?«

Der SEO-[Suchmaschinenoptimierungs]-Experte verspricht, dass Sie gefunden werden, wenn Menschen nach Ihnen suchen.

Der Facebook-Berater erzählt Ihnen, wie man genau bei den richtigen Menschen Werbung einblendet.

Der PR-Fachmann verspricht Zeitungsartikel und Erwähnungen und Bekanntheitsgrad.

Und Don Draper, David Ogilvy und all die anderen werden Ihr Geld gegen Anzeigen eintauschen. Schöne, erotische, wirkungsvolle Anzeigen.

Alles, um Ihre Nachricht zu verbreiten.

Aber das ist nicht länger Marketing. Und es funktioniert nicht, nicht mehr.

Wir werden noch darüber sprechen, wie Sie entdeckt werden. *Aber es ist der letzte Schritt, nicht der erste.*

Marketing ist wichtig genug, um es richtig zu machen, was bedeutet, den anderen Teil zuerst zu erledigen.

Schamlose Marketer haben Schande über uns andere gebracht

Ein kurzfristig ausgerichteter, gewinnmaximierungsorientierter Abzocker kann schnell eine schamlose Haltung annehmen. Spammen, Beschwindeln, Erzwingen. Gibt es einen anderen Beruf, der stolz so etwas tut?

Sie werden keine Bauingenieure finden, die ältere Bürger mitten in der Nacht anrufen, um ihnen wertlose Sammelmünzen zu verkaufen. Sie werden nicht von Buchhaltern hören, die ohne Erlaubnis Kundendaten nutzen, oder Orchesterleitern, die stolz gefakte Onlinerezensionen posten.

Dieses schamlose Streben nach Aufmerksamkeit auf Kosten der Wahrheit hat viele ethische und großzügige Marketer dazu gebracht, ihre beste Arbeit zu verbergen und Scham angesichts der Aussicht zu verspüren, marktgesteuert zu sein.

Das ist nicht in Ordnung.

Die andere Art von Marketing, die wirksame Art, dreht sich um das Verstehen der Weltanschauung und Wünsche unserer Kunden, sodass wir mit ihnen eine Verbindung eingehen können. Es konzentriert sich darauf, vermisst zu werden, wenn Sie verschwunden sind und den Menschen, die uns vertrauen, mehr zu liefern, als sie erwarten. Es sucht Freiwillige, keine Opfer.

Es gibt eine breite Welle von Menschen, die Marketing betreiben, weil sie wissen, dass sie Dinge verbessern können. Sie sind bereit, sich mit dem Markt zu beschäftigen, weil sie wissen, dass sie etwas zu unserer Kultur beitragen können.

Menschen wie Sie.

Das Schloss und der Schlüssel

Es ergibt keinen Sinn, einen Schlüssel herzustellen und dann nach einem Schloss zu suchen, das sich damit öffnen lässt.

Die einzige produktive Lösung ist, ein Schloss zu finden und dann einen Schlüssel anzufertigen.

Es ist leichter, Produkte und Dienste für die Kunden zu entwickeln, denen Sie dienen wollen, als Kunden für Ihre Produkte und Dienstleistungen zu finden.

Marketing muss nicht egoistisch sein

Tatsächlich ist es das beste Marketing nie.

Marketing ist die großzügige Tat, anderen dabei zu helfen, zu denen zu werden, die sie sein wollen. Es beinhaltet das Entwickeln ehrlicher Geschichten, die auf Resonanz stoßen und sich verbreiten. Marketer bieten Lösungen an, Möglichkeiten für Menschen, ihre Probleme zu lösen und voranzukommen.

Und wenn sich unsere Ideen verbreiten, verändern wir die Kultur. Wir erschaffen etwas, das die Menschen vermissen würden, wenn es weg wäre, etwas, das ihnen Bedeutung, Verbundenheit und Möglichkeit gibt.

Die andere Art von Marketing – Hype, Schwindel und Druck – gedeiht auf Selbstsucht. Ich weiß, dass es langfristig nicht funktioniert, und dass Sie es besser können. Wir alle können das.

Fallstudie: Penguin Magic

Hokuspokus hat das Haus verlassen.

Penguin Magic ist die Art Unternehmen, für die das Internet erfunden wurde.

Sie sind vielleicht in der Nähe eines Geschäfts für Zauberbedarf aufgewachsen. In meiner kleinen Stadt gibt es immer noch eins. Trübe beleuchtet, mit unechter Holztäfelung, fast immer mit dem Eigentümer am Verkaufstresen. Obwohl er seine Arbeit vermutlich liebt, war er sicherlich nie sonderlich erfolgreich.

Wenn Sie sich heutzutage mit Zauberei beschäftigen, kennen Sie Penguin Magic. Es ist nicht das Amazon der magischen Tricks (denn das Amazon von irgendetwas zu sein, ist wirklich schwierig). Stattdessen ist es zu beachtlicher Größe herangewachsen, weil es sich von Amazon unterscheidet und genau versteht, was sein Publikum will, weiß und glaubt.

Erstens wird jeder angebotene Trick auf der Webseite mit einem Video vorgeführt. Dieses Video verrät natürlich nicht, wie der Trick abläuft, also wird Spannung aufgebaut. Wenn Sie das Geheimnis kennen wollen, müssen Sie den Trick kaufen.

Bis heute wurden die Videos auf dieser Webseite und auf YouTube mehr als eine Milliarde Male angesehen. Eine Milliarde Seitenaufrufe ohne jegliche Vertriebskosten.

Zweitens haben die Personen, die die Webseite betreiben, begriffen, dass professionelle Zauberer selten Tricks kaufen, weil sie nur zehn oder 20 Tricks als Ausstattung brauchen. Da sie jeden Abend ein anderes Publikum haben, brauchen sie sich über Wiederholungen keine Gedanken zu machen.

Ein Amateur dagegen hat immer dasselbe Publikum (Freunde und Familie) und ist darauf angewiesen, den Ablauf permanent zu verändern.

Drittens wird jeder Trick detailliert rezensiert. Und nicht von den Schwachköpfen, die auf Yelp oder Amazon herumlungern, sondern von anderen Zauberern. Es ist eine strenge Gruppe, die gute Arbeit schätzt. Es gibt mehr als 82.000 Produktrezensionen auf der Webseite.

Infolgedessen entwickelt sich die Qualität des Angebots bei Penguin sehr schnell. Entwickler sehen die Arbeit der Konkurrenz sofort, was ihnen Auftrieb gibt, etwas noch besser zu machen. Statt eines jahrelangen Produktionszyklus dauert es bei Penguin von der Idee bis zum fertigen Produkt möglicherweise nur einen Monat. Mittlerweile haben sie mehr als 16.000 verschiedene Artikel auf ihrer Webseite.

Penguin investiert weiterhin in den Aufbau von Verbindungen nicht nur mit der Gemeinschaft (sie haben eine E-Mail-Liste von Zehntausenden Kunden), aber auch darüber hinaus. Sie haben 300 Vorträge organisiert, die zu den TED-Talks der Magie geworden sind, und haben fast 100 Conventions veranstaltet.

Je mehr Zauberer voneinander erfahren, desto wahrscheinlicher ist der Erfolg von Penguin.

Sie sind kein zigarrenrauchender Geldsack

Sie arbeiten nicht für ein Waschmittelunternehmen. Sie sind kein überholter Industrievermarkter.

Also warum handeln Sie wie einer?

Ihr Kickstarter-Projekt nähert sich der Deadline, Sie haben also allen Grund, jeden »Influencer« zuzuspammen, den Sie kennen, und um eine Verlinkung anzubetteln. Aber Sie werden ignoriert.

Sie arbeiten für ein Content-Marketingunternehmen, und Sie verfolgen angestrengt, wie viele Klicks Ihre Artikel bekommen, auch wenn der Mist, den Sie schreiben, Sie beschämt.

Sie erstellen Grafiken zur Anzahl Ihrer Instagram-Follower, obwohl Sie wissen, dass jeder andere einfach Follower kauft.

Sie senken Ihren Preis, weil Menschen Ihnen sagen, dass Ihre Tarife zu hoch sind, aber es scheint nicht zu helfen.

Es ist immer dasselbe alte Lied – der industrialisierte egoistische alte Trott, modernisiert für eine neue Generation.

Ihr Notfall ist keine Lizenz, um meine Aufmerksamkeit zu stehlen. Ihre Unsicherheit ist keine Erlaubnis, mich oder meine Freunde zu bedrängen.

Es gibt einen wirksameren Weg. Sie können es tun. Es ist nicht leicht, aber der Weg ist gut beleuchtet.

Höchste Zeit

Zeit, aus dem Social-Media-Karussell auszusteigen, das sich schneller und schneller dreht, aber nirgendwo hinführt.

Zeit, aufzuhören, zu drängen und Werbung einzublenden.

Zeit, mit dem Spammen aufzuhören und damit vorzugaukeln, dass Sie willkommen sind.

Zeit, aufzuhören, durchschnittliches Zeug für durchschnittliche Menschen zu produzieren, während Sie hoffen, dass Sie mehr als den Preis eines Allerweltproduktes berechnen können.

Zeit, aufzuhören, Menschen anzubetteln, Ihre Kunden zu werden, und Zeit, damit aufzuhören, sich schlecht dabei zu fühlen, für Ihre Arbeit etwas zu berechnen.

Zeit, aufzuhören, nach Abkürzungen zu suchen, und Zeit, stattdessen anzufangen, auf einem langen, brauchbaren Weg zu beharren.

KAPITEL ZWEI
Der Marketer lernt sehen

1983 war ich ein sehr junger und unerfahrener Brandmanager bei Spinnaker, dem Start-up-Softwareunternehmen, bei dem ich nach der Business School angefangen hatte. Plötzlich gab es in meinem Job ein Millionen-Dollar-Budget, schicke Arbeitsessen mit Anzeigenverkäufern, um die ich nicht gebeten hatte, und ein wichtiges Anliegen: die Nachricht von der Software zu verbreiten, die meine wunderbaren Kollegen entwickelt hatten.

Ich warf den *gesamten* Werbeetat zum Fenster hinaus. Die Werbung funktionierte nicht, weil sie ignoriert wurde. Irgendwie verkaufte sich die Software dennoch.

Im Laufe der Jahre habe ich dutzendweise Projekte gestartet sowie Produkte und Dienstleistungen an Firmen und Einzelpersonen verkauft. Ich habe mit Jay Levinson gearbeitet, dem Vater des Guerilla-Marketings, mit Lester Wunderman, dem Paten des Direktmarketings, sowie Bernadette Jiwa, der Koryphäe des Storytellings. Meine Ideen haben Milliarden-Dollar-Unternehmen aufgebaut und fast genauso viel für wichtige Wohltätigkeitsorganisationen zusammengetragen.

Der größte Teil meiner Reise bestand darin, herauszufinden, was funktioniert und was nicht. Es war ein fortlaufendes Versuch-und-Irrtum-Experiment (wobei die Irrtümer überwogen) mit Projekten und Organisationen, die mir wichtig sind.

Und nun habe ich einen Kompass für das Marketing von heute, die Natur des Menschen und unsere Kultur. Die Vorgehensweise ist einfach, aber nicht so leicht zu akzeptieren, denn sie bedarf der Geduld, des Einfühlungsvermögens und des Respekts.

Das Marketing, das unser gesamtes Leben durchdringt, ist nicht das Marketing, das Sie anwenden möchten. Die Patentlösungen, die Geld einsetzen, um Aufmerksamkeit zu erringen und durchschnittliches Zeug an durchschnittliche Menschen zu verkaufen, sind Artefakte einer anderen Zeit und nicht der, in der wir leben.

Sie können lernen zu sehen, wie Menschen träumen, entscheiden und handeln. Und wenn Sie ihnen helfen, eine bessere Version ihrer selbst zu werden, diejenige, die sie sein möchten, sind Sie ein Marketer.

Marketing in fünf Schritten

Der **erste Schritt** besteht darin, eine Sache zu erfinden, die es wert ist, vermarktet zu werden, mit einer Geschichte, die es zu erzählen lohnt, und einem Beitrag, über den zu reden es sich lohnt.

Der **zweite Schritt** besteht darin, diese Sache auf eine Weise zu entwerfen und zu erschaffen, dass ein paar Menschen davon besonders profitieren und es ihnen wichtig ist.

Der **dritte Schritt** besteht darin, eine Geschichte zu erzählen, die zu der eigenen Geschichte und den Träumen dieser kleinen Personengruppe passt, dem kleinsten rentablen Markt.

Der **vierte Schritt** ist der, über den sich alle freuen: es bekannt zu machen.

Der **letzte Schritt** wird oft übersehen: Lassen Sie sich sehen – regelmäßig, immer wieder und reichlich, über Jahre und Jahre – um zu organisieren und zu führen und Vertrauen in die Veränderung aufzubauen, die Sie anstreben. Um die Erlaubnis einzuholen, nachfassen zu dürfen, und sich das Enrollment zu verdienen, zu informieren.

Als Marketer müssen wir permanent dafür sorgen, dass die Idee von Mensch zu Mensch weitergetragen wird, eine ganze Gruppe fesselt, während Sie eine Veränderung herbeiführen.

Das ist Marketing: Das Executive Summary

Ideen, die sich weiterverbreiten, haben Erfolg.

Marketer führen Veränderungen herbei: für den kleinsten rentablen Markt und indem sie erwartete, persönliche und relevante Botschaften liefern, die die Menschen auch wirklich haben wollen.

Marketer benutzen Konsumenten nicht, um die Probleme ihres Unternehmens zu lösen: Sie nutzen Marketing, um die Probleme anderer Menschen zu lösen. Sie besitzen das Einfühlungsvermögen, um zu wissen, dass diejenigen, denen sie dienen wollen, nicht das wollen, was die Marketer wollen, nicht das glauben, was sie glauben, und ihnen nicht das wichtig ist, was den Marketern wichtig ist. Das wird vermutlich nie so sein.

Im Kern unserer Kultur glauben wir an Status, an das auf der eigenen Wahrnehmung basierende Verständnis unserer Rolle bei jeder Interaktion, daran, wohin wir uns weiterentwickeln.

Wir nutzen Status-Rollen und unsere Entscheidungen über Zugehörigkeit und Herrschaftsgebiet, um zu entscheiden, wohin wir gehen und wie wir dorthin gelangen.

Permanente, stimmige und häufige Geschichten, die einer abgestimmten Zuhörerschaft präsentiert werden, sorgen für Aufmerksamkeit, Vertrauen und Handeln.

Direktmarketing ist nicht dasselbe wie Brandmarketing, aber beide beruhen auf unserer Entscheidung, das Richtige für die richtigen Menschen zu tun.

»Menschen wie wir tun Dinge wie diese.« So verstehen wir Kultur und Marketer machen sich diese Vorstellung tagtäglich zu eigen.

Ideen bewegen sich wie auf einem Berghang. Sie rutschen durch die Erstanwender, springen durch eine Schlucht und schwappen hinüber zur Mehrheit. Manchmal.

Aufmerksamkeit ist eine kostbare Ressource, da unsere Gehirne mit Lärm überflutet werden. Clevere Marketer machen es für jene, mit denen sie zusammenarbeiten möchten, leicht, indem sie helfen, das Angebot auf eine Weise zu positionieren, die nachhallt und einprägsam ist.

Vor allem beginnt Marketing (und endet häufig) mit dem, was wir tun und wie wir es tun, und keineswegs mit dem Kram, der kommt, nachdem das Ding entworfen und versandt wurde.

Ihre Taktik kann etwas bewirken, aber Ihre Strategie – Ihre Festlegung auf eine Art des Seins und eine zu erzählende Geschichte und ein zu gebendes Versprechen – kann alles verändern.

Wenn Sie verändern wollen, beginnen Sie mit dem Erschaffen einer Kultur. Beginnen Sie durch das Einrichten einer eng verknüpften Gruppe. Beginnen Sie, indem Sie Menschen synchronisieren.

Kultur schlägt Strategie – so sehr, dass Kultur die Strategie *ist.*

Dinge, die Marketer wissen

1. Engagierte, kreative Menschen können die Welt verändern (es sind tatsächlich die einzigen, die das tun). Sie können es auf der Stelle tun, und Sie können mehr verändern, als Sie sich vielleicht vorstellen können.

2. Sie können nicht jeden verändern; deshalb kann die Frage »Für wen ist es?« Ihr Handeln fokussieren und Ihnen helfen, mit den Ungläubigen umzugehen (in Ihrem Kopf und in der Außenwelt).

3. Veränderung passiert am besten zielgerichtet. »Wofür ist das?« repräsentiert die Haltung wichtiger Arbeit.

4. Menschen erzählen sich Geschichten. Diese Geschichten, soweit es jeden von uns betrifft, sind vollständig wahr, und es ist unklug, andere (oder uns) vom Gegenteil zu überzeugen.

5. Wir können Menschen in stereotypen Gruppen zusammenfassen, die sich oft (aber nicht immer), dieselben Geschichten

erzählen, Gruppen, die ähnliche Entscheidungen basierend auf ihrem wahrgenommenen Status und anderen Bedürfnissen treffen.

6. Was Sie selber sagen, ist auch nicht annähernd so wichtig wie das, was andere über Sie sagen.

KAPITEL DREI

Marketing verändert Menschen durch Geschichten, Beziehungen und Erfahrung

Fallstudie: VisionSpring – Brillen an bedürftige Menschen verkaufen

Jeder Mensch hat eine Geschichte im Kopf, eine Erzählung, mit der er oder sie durch die Welt steuert. Das Außergewöhnliche daran ist, dass jeder eine andere Geschichte hat.

Vor ein paar Jahren fuhr ich mit einem kleinen Team zu einem Dorf in Indien und versuchte herauszufinden, mit welchen Herausforderungen VisionSpring bei seiner Arbeit konfrontiert wird.

VisionSpring ist ein Sozialunternehmen, das Lesebrillen an die Milliarde Menschen auf der ganzen Welt verkaufen will, die eine brauchen, aber keine besitzen.

Als der Mensch im Schnitt nur 30 oder 40 Jahre alt wurde, spielte es keine Rolle, dass die meisten Menschen über 50 eine Lesebrille benötigen. Da wir aber zunehmend älter werden, stellen immer mehr Menschen fest, dass sie zwar gesund und körperlich fit sind, aber nicht mehr arbeiten können – weil sie nichts mehr lesen oder keine Detailarbeiten mehr verrichten können. Ein Weber, ein Juwelier oder eine Krankenschwester können ohne Brille ihrer Arbeit möglicherweise nicht mehr nachgehen.

Die Strategie von VisionSpring besteht darin, geschmackvolle Brillen in hoher Stückzahl zu niedrigen Kosten herzustellen, für vielleicht 2 Dollar das Stück. Durch Zusammenarbeit mit den örtlichen Handelsvertretern bringen sie die Brillen in Dörfer auf der ganzen Welt, wo sie für etwa 3 Dollar verkauft werden.

Die Differenz von einem Dollar zwischen den Herstellungskosten und dem Verkaufspreis genügt gerade für den Versand, den heimischen Dienstleister und dafür, dass die Organisation weiterwachsen kann.

Als wir in dem Dorf unseren Stand aufbauten, kamen viele Menschen, um zu sehen, was vor sich ging. Es war mitten an einem sehr heißen Tag, und es gab sonst nicht viel zu tun.

Die Männer trugen traditionelle indische Arbeitshemden, die bestickt waren und vorne eine Tasche hatten. Durch den dünnen Stoff konnte ich erkennen, dass fast alle Rupien in ihren Taschen hatten.

Ich wusste nun also drei Dinge:

1. Basierend auf ihrem Alter brauchen viele dieser Menschen eine Brille. Das ist simple Biologie.

2. Viele von ihnen trugen keine Brille und hatten auch keine dabei, also besaßen sie vermutlich keine.

3. Die meisten der Menschen, die hier herumschwirrten, hatten ein bisschen Geld in der Tasche. Obwohl die Brillen für jemanden, der nur 3 Dollar am Tag verdiente, teuer sein mochten, hatte jeder Anwesende Bargeld.

Als die Dorfbewohner an unseren Stand kamen, reichten wir einem nach dem anderen ein laminiertes Blatt mit einem Sehtest. Der Test war so konzipiert, dass er auch bei Menschen funktionierte, die nicht lesen können, ganz egal, welche Sprache sie beherrschen.

Dann bekam der Dorfbewohner, der gerade den Sehtest absolvierte, eine Probebrille und machte den Test noch einmal. Auf einmal konnte er oder sie alles deutlich erkennen. So funktionieren Brillen. Diese Technologie war den Männern und Frauen weder fremd noch misstrauten sie ihr.

Danach wurde die Probebrille weggelegt und der Kunde bekam einen Spiegel und zehn verschiedene Brillengestelle zur Auswahl.

Jedes Modell war brandneu und steckte in einer Kunststoffhülle. Etwa ein Drittel der Personen, die an den Stand gekommen waren und eine Brille brauchten, kauften auch tatsächlich eine.

Ein *Drittel.*

Das war mir ein Rätsel.

Ich konnte nicht fassen, dass 65 Prozent der Menschen, die eine Brille brauchten und das auch wussten und zudem über das nötige Geld verfügten, einfach weggingen.

Ich an ihrer Stelle hätte mich niemals so entschieden. Die Menge der Brillen, die wir dabei hatten, war recht begrenzt. Der Preis war unglaublich. Die vertraute Technologie funktionierte. Was machten wir falsch?

Eine Stunde lang saß ich in der Sonne und grübelte. Ich fühlte mich, als hätte mich meine ganze Arbeit als Marketer zu diesem Punkt geführt.

Dann änderte ich nur eine Sache an der Vorgehensweise.

Eine Sache, die die Prozentzahl verkaufter Brillen verdoppelte.

Ich tat folgendes: Ich nahm alle Brillen vom Tisch herunter.

Zu den Menschen in der Warteschlange sagten wir, nachdem sie die Probebrille aufgesetzt hatten: »Das ist Ihre neue Brille. Wenn Sie funktioniert und Ihnen gefällt, geben Sie uns bitte 3 Dollar. Falls Sie die Brille nicht haben möchten, geben Sie sie uns bitte zurück.«

Das war's.

Wir änderten die Geschichte von »Hier ist die Möglichkeit, etwas zu kaufen, gut auszusehen, Ihre Sehschärfe zurückzubekommen, den Prozess zu genießen, sich von Anfang bis Ende als Besitzer zu fühlen«, in: »Wollen Sie, dass wir Ihnen das wegnehmen, was Sie haben, oder möchten Sie die Brille behalten, die Ihnen bereits nützt?«

Wunsch nach Gewinn versus Vermeidung von Verlust.

Wenn man in elender Armut lebt, kann man sich nur schwer das Vergnügen vorstellen, dass Menschen in einer glücklicheren Lage aus dem Shoppen ziehen. Den Kick zu spüren, etwas zu kaufen, das man nie zuvor erworben hat.

Zu shoppen bedeutet, ein Risiko einzugehen. Wir riskieren Geld und Zeit auf der Suche nach einer neuen Sache, einer Sache, die toll sein könnte. Und wir können dieses Risiko eingehen, weil ein Irrtum nicht fatal wäre. Falsch zu liegen kostet uns kein Abendessen oder eine medizinische Untersuchung.

Und wenn wir uns irren, leben wir nicht nur auch morgen noch, sondern werden morgen auch wieder shoppen gehen.

Aber als mir klar wurde, dass andere vielleicht nicht so übers Shoppen denken wie ich oder wie Optiker der westlichen Welt, bekam ich eine andere Perspektive. Vielleicht betrachteten die Menschen, denen wir etwas anbieten wollten, Shoppen als Bedrohung und nicht als vergnügliche Tätigkeit.

Den meisten Teenagern in einem typischen Vorstadteinkaufszentrum würde sich bei der Vorstellung, dass sie nicht alle Brillen anprobieren dürfen, keine Auswahl haben, die Nackenhaare sträuben.

Die meisten von uns möchten keine gebrauchte Brille; wir möchten die schicke neue. Auch wenn »gebraucht« lediglich bedeutet, einmal anprobiert. Aber es ist nicht hilfreich, anzunehmen, dass jeder weiß, was Sie wissen, das will, was Sie wollen und das glaubt, was Sie glauben.

Meine Geschichte darüber, wie man Brillen kauft, ist nicht besser oder schlechter als die vom nächsten Dorfbewohner in der Schlange. Es ist einfach nur meine Geschichte, und wenn sie nicht funktioniert, dann ist es arrogant, an ihr festzuhalten.

Wir verbessern, indem uns die Adressaten so wichtig sind, dass wir uns die für sie geeignete Geschichte ausdenken. Wir müssen so großzügig sein, diese Geschichte zu vermitteln, damit sie stolz auf das sein können, was sie tun.

Denken Sie doch nur an den SUV

Die meisten Menschen, die dieses Buch lesen, vermarkten keine Autos. Aber die meisten von uns haben schon einmal eines gekauft.

Die entscheidende Frage lautet: Warum haben Sie genau dieses Auto gekauft?

Warum kaufen Menschen, die nie durchs Gelände fahren werden, einen Toyota Land Cruiser für 50.000 Euro?

Wieso für den Ludicrous Mode bei einem Tesla einen Aufpreis bezahlen, wenn Sie nicht davon ausgehen, jemals innerhalb von knapp drei Sekunden von 0 auf 100 Stundenkilometer beschleunigen zu wollen (oder zu müssen)?

Warum eine 2.000-Euro-Stereoanlage ins Auto einbauen lassen, wenn Sie zu Hause nur ein Radio für 30 Euro haben?

Und noch rätselhafter: Die beliebteste Farbe für Autos variiert je nach verkauftem Fahrzeugtyp.

Wenn wir nicht bereit sind, beim Kauf eines 40.000-Euro-Fahrzeugs Nutzen zur Hauptantriebskraft unserer Entscheidungen zu machen, welche Chance hat dann erst eine Flasche Parfüm oder ein Päckchen Kaugummi?

Marketing ist kein Rennen, bei dem es darum geht, mehr Eigenschaften für weniger Geld hinzuzufügen.

Marketing ist unser Bestreben, im Interesse jener zu verändern, denen wir dienen, und das tun wir, indem wir die irrationalen Kräfte verstehen, die jeden von uns antreiben.

Das Gefasel über den Sechs-Millimeter-Bohrer

Vom Harvard-Marketing-Professor Theodore Levitt stammt der berühmte Spruch: »Menschen wollen keinen Sechs-Millimeter-Bohrer kaufen. Sie wollen ein Sechs-Millimeter-Loch.«

Die Lektion dabei ist, dass der Bohrer nur ein spezieller Artikel ist, ein Mittel zum Zweck, aber was die Menschen wirklich wollen, ist das Loch, das man damit bohren kann.

Aber das geht auch nicht annähernd weit genug. Niemand will ein Loch.

Was die Menschen wollen, ist das Regal, das an die Wand kommt, sobald sie das Loch gebohrt haben.

Was sie wirklich wollen, ist dieses Gefühl, sobald sie sehen, wie aufgeräumt nun alles ist, wenn sie alles in dieses Regal geräumt haben, das dank des Loches in der Wand nun dort hängt.

Langsam ...

Sie wollen auch die Befriedigung, dass sie es selbst getan haben.

Oder möglicherweise den Anstieg ihres Ansehens, wenn der Ehepartner die Arbeit bewundert.

Oder den Seelenfrieden, weil im Schlafzimmer kein Chaos mehr herrscht, sondern es sich geborgen und aufgeräumt anfühlt.

»Menschen wollen keinen Sechs-Millimeter-Bohrer kaufen. Sie wollen sich wohl und respektiert fühlen.«

Bingo.

Die Menschen wollen nicht das, was Sie herstellen

Sie wollen das, was es für sie tut. Sie wollen dieses Gefühl, das es bei ihnen hervorruft. Und so viele Gefühle stehen da nicht zur Auswahl.

Im Wesentlichen liefern die meisten Marketer dieselben Gefühle. Wir tun es nur auf unterschiedliche Weise, mit unterschiedlichen Dienstleistungen, Produkten und Geschichten. Und wir tun es in unterschiedlichen Momenten für unterschiedliche Menschen. Wenn Sie jemandem Zugehörigkeit, Verbundenheit, Seelenfrieden, Ansehen oder eines der anderen meistgewünschten Gefühle geben können, haben Sie etwas Lohnenswertes getan. Die Sache, die Sie verkaufen, ist lediglich ein Weg, um diese Gefühle zu erlangen, und wir enttäuschen alle, wenn wir uns auf die Taktiken und nicht auf die Ergebnisse konzentrieren. Für wen ist es und wofür ist es, sind die beiden Fragen, die all unsere Entscheidungen leiten.

Geschichten, Beziehungen und Erfahrungen

Die gute Nachricht ist, dass wir uns nicht auf die schillernden neuesten Patentlösungen der Digitalen Medien verlassen müssen – uns stehen noch wirkungsvollere, differenziertere und zeitlosere Werkzeuge zur Verfügung.

Wir erzählen Geschichten. Geschichten, die auf Resonanz stoßen und langfristig Bestand haben. Geschichten, die wahr sind, weil wir sie mit unserem Handeln und unseren Produkten und Dienstleistungen wahr machen.

Wir stellen Beziehungen her. Menschen sind einsam und sie wollen gesehen und gekannt werden. Menschen möchten Teil von etwas sein. Auf diese Weise ist es sicherer und macht oft auch mehr Spaß.

Wir erschaffen Erfahrungen. Ein Produkt nutzen, eine Dienstleistung in Anspruch nehmen. Etwas spenden, zu einer Demo gehen, den Kundendienst anrufen. Jede dieser Aktionen ist Teil der Geschichte; jede schafft ein bisschen Beziehung. Als Marketer können wir diese Erfahrungen bewusst anbieten, sie zielgerichtet vornehmen.

Die ganze Organisation arbeitet für und mit dem Marketer, weil alles Marketing ist. Was wir machen, wie wir es tun, für wen wir es machen. Es sind die Wirkungen und Nebenwirkungen, die Preisgestaltung und der Profit, alles auf einmal.

Marktabhängig: Wer steuert den Bus?

Jede Organisation – jedes Projekt – wird von einer hauptsächlichen Triebkraft beeinflusst.

Bei manchen Restaurants ist der Koch die Antriebskraft. Silicon Valley ist oft technikgetrieben. Investmentunternehmen in New York sind geldgesteuert, fokussiert auf den Aktienkurs oder die jüngste Finanzmanipulation.

Der Antrieb, für den man sich entscheidet, ist die Stimme, die am deutlichsten gehört wird, und die Person mit dieser Stimme ist diejenige, die am Kopfende des Tisches Platz nimmt.

Organisationen sind oft marketinggesteuert. Sie sind aalglatt, fokussiert auf das Angebot, den Oberflächenglanz, die Fähigkeit, einen Euro mehr herausquetschen zu können.

Ich bin nicht wirklich daran interessiert, Ihnen zu helfen, marketinggesteuert zu werden, denn es ist eine Sackgasse.

Die Alternative ist *marktgesteuert* – den Markt zu registrieren, auf ihn zu hören und noch wichtiger, ihn zu beeinflussen, zu formen, besser zu machen.

Wenn Sie marketinggesteuert sind, konzentrieren Sie sich auf den neuesten Facebook-Datenklau, das Design Ihres neuen Logos und Ihr kanadisches Preismodell. Wenn Sie jedoch marktgesteuert sind, denken Sie viel über die Hoffnungen und Träume Ihrer Kunden und von deren Freunden nach. Sie hören auf deren Frustrationen und investieren in das Verändern der Kultur.

Marktgesteuert zu sein ist nachhaltig.

Der Mythos der rationalen Entscheidung

Mikroökonomie basiert auf einer nachweisbar falschen Annahme: »Vom rationalen Agenten [Homo oeconomicus oder Nutzenmaximierer] wird angenommen, dass er beim Bilden von Präferenzen verfügbare Informationen, Wahrscheinlichkeit von Ereignissen sowie potenzielle Kosten und Nutzen berücksichtigt und sich stets für die Handlung entscheidet, die für ihn die am meisten präferierten Folgen erwarten lässt«, sagt Wikipedia[1].

Natürlich nicht.

Wenn wir eine ausreichend große Gruppe von Menschen nehmen, kann es durchaus sein, dass wir, im Schnitt, dieses Verhalten aufblitzen sehen. Aber darauf wetten sollten Sie nicht.

1 aus dem Englischen übersetzt, Anm. d. Übers.

Besser wetten Sie auf Folgendes: »Im Zweifel sollten Sie davon ausgehen, dass Menschen entsprechend ihrer aktuellen irrationalen Antriebe handeln und die Informationen ignorieren, die ihren Überzeugungen widersprechen, dem Eintauschen von langfristigen gegenüber kurzfristigen Nutzen, und vor allem, dass sie von der Kultur beeinflusst sind, mit der sie sich identifizieren.«

Hierbei können Sie zwei Fehler machen:

1. Annehmen, dass die Menschen, denen Sie dienen wollen, gut informierte, rationale, unabhängige und langfristige Entscheidungen treffen.

2. Annehmen, dass jeder so ist wie Sie, weiß, was Sie wissen, will, was Sie wollen.

Ich bin nicht rational und Sie sind es auch nicht.

KAPITEL VIER

Der kleinste profitable Markt

Welche Veränderung streben Sie an?

Das ist eine einfache Frage, aber eine gewichtige, denn sie impliziert, dass Sie verantwortlich sind. Sie handeln bewusst, sind ein Agent der Veränderung, ein Mensch, der hart daran arbeitet, andere Menschen zu verändern.

Es mag Ihr Job sein oder Ihre Leidenschaft, und falls Sie Glück haben, ist es beides.

Die Veränderung kann banal sein (»Ich versuche den Marktanteil von OZO Waschpulver um 1 Prozent zu steigern und dafür muss ich ein paar Clorox-Nutzer zu OZO-Nutzern machen«), oder tief greifend (»Ich versuche, zwölf Schulkindern in meiner Nachmittagsbetreuung dabei zu helfen, zu erkennen, dass sie mehr Potenzial und Fähigkeiten haben, als die Welt ihnen einzureden versucht«).

Vielleicht ist es »Ich werde aus Nichtwählern Wähler machen« oder »Ich werde Menschen, die dominant sein wollen, dazu bringen, Zugehörigkeit anzustreben.«

Was genau es auch sein mag, wenn Sie ein Marketer sind, dann ist es Ihr Geschäft, Veränderungen herbeizuführen. Das zu leugnen käme Verstecken gleich: Es anzuerkennen ist produktiver.

Stolperschritt 1: Es ist verlockend, sich für eine großartige, nahezu unmögliche Veränderung zu entscheiden: »Ich möchte das Erscheinungsbild des Musikunterrichts verändern und zu einer Top-Priorität im ganzen Land machen.« Das ist natürlich toll, wurde aber noch nie bewerkstelligt, nicht von jemandem mit

Ihren Ressourcen. Ich bin ein großer Fan von spielverändernden Homeruns. Ich liebe die inspirierenden Geschichten von Leuten, die es entgegen aller Wahrscheinlichkeit geschafft und alles verändert haben.

Aber ...

Das ist eine schwere Bürde und auch eine willkommene Entschuldigung in verzweifelten Momenten. Kein Wunder, dass Sie feststecken – Sie versuchen das Unmögliche zu tun.

Vielleicht ergibt es mehr Sinn, die Veränderungen, die Sie bewirken wollen, zu konkretisieren und diese dann durchzuführen. Auf der Grundlage dieses Erfolges können Sie die Methode dann bei immer größeren Veränderungen anwenden.

Stolperschritt 2: Sie wollen das verteidigen, was Sie bereits tun, also das verkaufen, womit Sie bereits beauftragt wurden. Sie rekonstruieren eine »Veränderung«, die zu dieser Sache passt und beladen sie mit leeren Schlagwörtern, die niemand versteht. Kürzlich stieß ich auf Folgendes: »Aktivierung und Engagement für TNTs neuen Thriller, der ein Meta-Statement über die Viewer-Identität abgibt.«

Echt jetzt?

Andererseits habe ich hier ein Beispiel der von meiner Frau gegründeten By the Way Bakery. Das ist die größte glutenfreie Bäckerei dieser Art weltweit. Was sie verändert? »Wir wollen dafür sorgen, dass niemand außen vor bleibt. Indem wir glutenfreie, milchfreie und koschere Backwaren anbieten, die auch noch köstlich sind, lassen wir alle Menschen teilhaben an besonderen Familienfesten. Wir machen aus exklusiven Gastgebern alles umfassende und ausgeschlossene Gäste zu Mitgliedern.«

Was versprechen Sie?

Wenn der Marketer mit seiner oder ihrer Botschaft auftritt (in welchem Medium auch immer), nimmt es stets die Form eines Versprechens an: »Wenn Sie X tun, bekommen Sie Y.« Dieses

Versprechen ist oft versteckt. Es kann aus Versehen hintangestellt oder bewusst getarnt sein, aber jedes wirkungsvolle Marketing beinhaltet ein Versprechen.

Dieses Versprechen ist nicht dasselbe wie eine Garantie. Es ist mehr ein »Wenn das für Sie funktioniert, werden Sie feststellen, dass …«

Und so können wir Menschen in unseren Jazz Club einladen, um mehr als nur einen angenehmen Abend zu haben. Wir versprechen eine spirituelle Reise, wenn sie sich unsere Platten anhören. Oder dass unser ganz besonderer Käse sie ins Feinschmeckerland Italien versetzt … Wir sprechen hier nicht über Slogans, aber diese Slogans geben Ihnen einen Einblick in die Art von Versprechen, die ich meine.

»Als ich mich ans Klavier setzte, haben sie gelacht … aber als ich anfing zu spielen …« verspricht Ansehen.

»Flutwelle!« verspricht Dominanz.

»Choosy mothers choose Jif [Wählerische Mütter wählen Jif]« verspricht Ansehen und Respekt.

»Ich gelobe Loyalität …« verspricht Zugehörigkeit.

»Die Erde braucht einen guten Anwalt« verspricht Zugehörigkeit und Gerechtigkeit.

Ihr Versprechen ist unmittelbar verbunden mit der Veränderung, die Sie anstreben, und es richtet sich an die Menschen, die Sie verändern möchten.

Wen wollen Sie verändern?

Sobald Sie sich fragen, was Sie verändern wollen, wird ziemlich deutlich, dass Sie keine Chance haben, *jeden* zu ändern. Das sind nämlich ziemlich viele Leute. Das ist zu breit gefächert, zu umfangreich und zu nichtssagend, als dass es Ihnen gelingen könnte.

Also müssen Sie *jemanden* ändern. Oder vielleicht eine Gruppe von mehreren jemanden.

Aber wen genau?

Es ist uns egal, wenn sie alle gleich aussehen, aber es wäre sehr hilfreich, diese Personen nach irgendeiner Eigenschaft zu gruppieren. Teilen Sie eine Überzeugung? Geografische Merkmale? Demografische oder noch wahrscheinlicher psychografische?

Können Sie sie aus einer Menge auslesen? Was unterscheidet sie von anderen und worin gleichen sie einander?

Im Laufe dieses Buches werden wir zu der wesentlichen Frage zurückkehren: »Für wen ist es?« Das hat eine subtile, aber magische Kraft, die Fähigkeit, das Produkt, das Sie erzeugen, die Geschichte, die Sie erzählen und wo Sie sie erzählen, zu verlagern. Sobald Ihnen klar ist, »für wen es ist«, werden sich die Türen für Sie öffnen.

Ein simples Beispiel: Sowohl Dunkin' Donuts als auch Starbucks verkaufen Kaffee. Aber während der ersten beiden Jahrzehnte versuchte Starbucks nicht, Kaffee an Kunden von Dunkin' Donuts zu verkaufen und umgekehrt.

Obschon es äußerliche Hinweise auf zwei Gruppen gibt (in Boston findet man mehr Taxifahrer und Bauarbeiter in einem typischen Dunkin' Donuts als bei Starbucks) ist der wahre Unterschied nicht extern, sondern intern. Starbucks begab sich daran, jemanden zu bedienen, der sehr präzise Vorstellungen von Kaffee, Zeit, Geld, Gemeinschaft, Gelegenheit und Luxus hat – und indem es sich auf diese Gruppe konzentriert, baute Starbucks eine Marke für die Ewigkeit.

Weltanschauungen und Rollen

Aber *welchen* Markt?

Welche Menschen?

Wenn Sie tausend Menschen aussuchen müssten, die Ihre wahren Fans werden sollen, wen würden Sie aussuchen?

Beginnen Sie damit, Menschen danach auszusuchen, wovon sie träumen, woran sie glauben und was sie wollen, und nicht nach ihrem Aussehen. Anders ausgedrückt, nutzen Sie Psychografien statt Demografien.

Genauso, wie Sie Menschen nach ihrer Augenfarbe oder der Länge ihres Ringfingers in Gruppen zusammenfassen können, geht das auch auf Basis der Geschichten, die sie sich selbst erzählen. George Lakoff, Professor für Kognitive Lingustik, spricht bei diesen Gruppen von Weltanschauungen oder Denkmodellen, die in Metaphern zum Ausdruck kommen.

Eine Weltanschauung ist die Verknüpfung, die Linse, durch die wir die Welt sehen. Es sind unsere Annahmen und Vorurteile und ja, Stereotypen über die Welt um uns herum. Loyale Fox-News-Konsumenten haben eine Weltanschauung. Ebenso wie Fuchsjäger. Und auch Menschen, die um Mitternacht zu einer Vorführung der *Rocky Horror Picture Show* gehen. Jeder verdient es, als Individuum behandelt zu werden, mit Würde und Respekt bezüglich seiner Entscheidungen. Aber als Marketer müssen wir mit einer Weltanschauung beginnen und die Menschen, die diese teilen, einladen, sich uns anzuschließen. »Ich habe das gemacht« ist eine völlig andere Aussage als »Was möchten Sie?«

Wir können ziemlich gute Annahmen darüber treffen, wie jemand auf eine Nachricht oder ein Kunstwerk reagieren wird, wenn wir Belege für seine oder ihre Weltanschauung haben.

Als Ron Johnson im Jahr 2011 als CEO von JCPenney eingestellt wurde, bestand eine seiner ersten Handlungen darin, den ständigen Strom von Preisnachlässen und Sonderverkäufen zu beenden. Johnson traf diese Entscheidung auf der Grundlage *seiner* Weltanschauung, seiner Vorliebe, einzukaufen. Er konnte sich nicht vorstellen, dass ein hochwertiges Handelsgeschäft, eines, in das er einkaufen gehen würde, permanent Räumungsverkäufe, Coupons und Preisnachlässe herauswerfen konnte, und versuchte, JCPenney in *seine* Art von Geschäft umzuwandeln. Als Folge davon fielen die Verkaufszahlen um mehr als 50 Prozent.

Durch seine vorherige Position als Senior Vice President für Einzelhandelsaktivitäten bei Apple betrachtete Johnson die Welt des Handels durch die Brille der Eleganz, der Ruhe, des gegenseitigen Respekts. Er war Käufer von Luxusartikeln und mochte auch das Verkaufen von Luxusartikeln. Als Folge seiner Weltanschauung verstieß er Penneys wahre Anhänger: Menschen, die den Sport der Schnäppchenjagd lieben. Oder den Sonderverkauf. Menschen, deren Weltanschauung sich von seiner unterscheidet. Penneys Kunden spielten ein Spiel, eines, das ihnen das Gefühl gab, zu gewinnen.

Ja, wir typisieren – übertreiben bewusst die Haltungen und Überzeugungen der Menschen, um sie besser bedienen zu können.

Eine nützliche Abkürzung bei dieser Übung ist das Identifizieren der unterschiedlichen Menschenarten (Persona), denen wir vielleicht begegnen werden. Es gibt Schnäppchen-Sam, für den es ein Sport ist, wenn er einkauft und gleichzeitig mit seiner Geschichte über Geld ringt. Und da ist der Eilige-Ernie, der stets nach einer Abkürzung sucht und nur selten bereit ist, in einer Schlange zu warten, die Gebrauchsanweisung zu lesen oder abzuwägen, vor allem, wenn er sich auf einer Geschäftsreise befindet. Neben ihm in der Reihe steht die Vorsichtige-Violet, die misstrauisch ist gegenüber dem Taxifahrer, davon überzeugt, dass der Mitarbeiter am Empfang sie abzockt, und die nie etwas aus der Minibar trinken würde.

Jeder hat ein Problem, einen Wunsch und eine Geschichte.

Wem würden Sie dienen wollen?

Einen Fokus erzwingen

Das unerbittliche Streben nach Masse wird Sie langweilig machen, denn Masse bedeutet Durchschnitt, es ist die Mitte der Kurve, es verlangt von Ihnen, niemanden zu vergrämen und alle zufriedenzustellen. Es führt zu Kompromissen und Verallgemeinerungen. Beginnen Sie stattdessen mit dem *kleinsten profitablen Markt.* Wie viele Menschen müssen Sie mindestens beeinflussen, damit sich der Aufwand lohnt?

Wenn Sie nur 30 Personen verändern können, oder 3000, dann werden Sie bezüglich dieser Personen wählerisch sein. Wenn Ihre Größenordnung begrenzt ist, werden Sie Ihre Energie stattdessen auf den Aufbau des Marktes richten.

Als in New York das Union Square Cafe eröffnete, wusste sein Betreiber, Danny Meyer, dass er am Tag nur 600 Personen bedienen konnte. Mehr passten nicht in den Speiseraum. Wenn Sie nur 600 Menschen begeistern können, dann sollten Sie als Erstes entscheiden, *welche* 600 Menschen das sein sollen. Suchen Sie Personen aus, die das wollen, was Sie anbieten. Suchen Sie Menschen aus, die besonders offen sind für Ihre Botschaft. Wählen Sie Menschen aus, die es den richtigen anderen Menschen weitererzählen … Die Magie des Union Square Cafes bestand nicht in seiner Lage (es war eine miserable Gegend) oder dem berühmten Koch (sie hatten keinen). Nein, die Magie bestand vielmehr in dem Mut, die Kunden sorgfältig auszuwählen. Wählen Sie die Menschen aus, die Sie bedienen, wählen Sie Ihre Zukunft.

Der kleinste profitable Markt ist der Fokus, der ironischer- und erfreulicherweise zu Ihrer Expansion führen wird.

Spezialisierung ist eine Art von Mut

Spezifisch bedeutet nachvollziehbar.

Es hat funktioniert oder nicht.

Es hat gepasst oder nicht.

Es hat sich verbreitet oder nicht.

Verstecken Sie sich hinter *jedem* oder *allen?*

Sie werden es niemals allen recht machen können, was beruhigend ist, denn dann werden Sie weniger enttäuscht sein, wenn es nicht eintritt.

Aber was ist, wenn Sie sich dem kleinsten profitablen Publikum verpflichten? Wenn Sie sehr gezielt aussuchen, wem Sie dienen möchten und welche Veränderung Sie konkret bewirken wollen?

Organisieren Sie Ihr Projekt, Ihr Leben und Ihr Unternehmen um ein Minimum herum. Was ist der kleinste Markt, auf dem Sie überleben können?

Sobald Sie den Umfang identifiziert haben, suchen Sie sich eine Marktnische, die förmlich nach Ihrer Aufmerksamkeit schreit.

Gehen Sie bis zum Äußersten. Finden Sie eine Position auf der Karte, wo Sie, und nur Sie, die perfekte Antwort sind. Überwältigen Sie die Wünsche und Träume und Sehnsüchte dieser Gruppe mit Ihrer Fürsorge, Aufmerksamkeit und Ihrem Fokus. Verändern Sie. Eine Veränderung, die so tief greifend ist, dass die Menschen gar nicht anders können, als darüber zu reden.

Schlankes Unternehmertum ist auf die Idee des Minimal Viable Product (MVP) aufgebaut – ein brauchbares Produkt mit minimalen Eigenschaften, das mit geringem Aufwand erstellt wird. Suchen Sie nach der einfachsten, brauchbaren Version Ihres Produkts, testen Sie es auf dem Markt, dann verbessern Sie und versuchen es erneut.

Was Menschen bei dieser Vorstellung vergessen, ist das Wort *machbar*. Es bringt nichts, Mist zu versenden. Es ist nicht hilfreich, etwas herauszugeben, das noch nicht funktioniert.

Wenn wir diese Ideen kombinieren, können wir klein und schnell denken. Unsere bewegliche Herangehensweise an den Markt kombiniert mit einem unermüdlichen Fokus auf jene, die wir beliefern wollen, bedeutet, dass wir sehr viel wahrscheinlicher jemandem von Nutzen sind.

Der Unternehmer und Silicon Valley Pionier Steve Blank führte die Fokussierung auf den Kunden als das einzige Projekt eines Start-ups ein. Kundenentwicklung ist der Vorgang des Fußfassens bei Kunden, eine Übereinstimmung zu finden zwischen dem, was Sie machen und was die Kunden wollen. Dieses Fußfassen (Traktion) ist weitaus mehr wert als raffinierte Technologie oder teures Marketing. Das und nur das unterscheidet erfolgreiche Projekte von erfolglosen.

Alles wird einfacher, wenn Sie sich von dem Größenwahn »alle« lösen. Ihre Arbeit ist nichts für alle. Sie ist nur für diejenigen, die sich zu der Reise angemeldet haben.

Meiden Sie die Ungläubigen

Es gibt die Filterblase. Es ist leicht, nur Nachrichten an sich herankommen zu lassen, die uns zusagen. Wir können die ganze Zeit damit zubringen, zu glauben, dass alle unsere Weltanschauung teilen, das glauben, was wir glauben, und dasselbe wie wir wollen.

Bis wir Marketing für Massen starten.

Wenn wir versuchen, dem größtmöglichen Publikum zu dienen, wird dieses Publikum uns einen Korb geben. Der Chor der »Neins« wird ohrenbetäubend sein. Und das Feedback wird direkt, persönlich und konkret sein.

Angesichts von so viel Ablehnung ist es leicht, die Kanten abzuschleifen und sich anzupassen. Vollständig anzupassen. Besser anzupassen als alle anderen.

Widerstehen Sie dem.

Es ist nichts für diese Menschen.

Es ist für das kleinste profitable Publikum, die Leute, die Sie ursprünglich bedienen wollten.

Worin liegt die Liebe?

Clay Shirky, der wegweisende Autor, Redner und Berater zum Thema Internet, erkannte, wie nutzergemeindebasierte Software alles verändert: »Wir haben in dieser Welt gelebt, in der kleine Dinge aus Liebe getan werden und große für Geld. Nun haben wir Wikipedia. Plötzlich können große Dinge aus Liebe getan werden.«

Aber es endet nicht mit der Software.

Das Ziel des kleinsten profitablen Publikums besteht darin, Menschen zu finden, die Sie verstehen und sich in das verlieben, wohin Sie sie mitzunehmen hoffen.

Sie zu lieben ist eine Form, sich auszudrücken. Indem sie Teil Ihrer Bewegung werden, können sie ausdrücken, wer sie sind.

Diese Liebe führt zu Traktion, zu Verpflichtung und zum Bekehren. Diese Liebe wird Teil ihrer Identität, eine Chance, etwas zu tun, das sich richtig anfühlt. Um sich durch ihre Beiträge, ihr Handeln und das Abzeichen, das sie tragen, auszudrücken.

Sie können nicht darauf hoffen, dass alle so fühlen, aber Sie können Ihre Arbeit für die Menschen tun, die so empfinden.

»Alles-oder-nichts« ist selten

Selbst in einer Demokratie, einer Situation, in der sich der zweite Platz selten bezahlt macht, ist die Vorstellung von »jeder« ein Irrtum.

Ich sprach mit zwei Organisatoren von Kongresswahl-Werbekampagnen und sie sprachen in einem fort davon, die Botschaft an alle zu bringen, jeden zu kontaktieren, alle an die Wahlurnen zu holen.

Ich forschte ein bisschen nach und stellte fest, dass bei der letzten Vorwahl in diesem Bezirk nur 20.000 Menschen ihre Stimme abgegeben hatten, was bedeutet, dass es bei einer umkämpften Vorwahl den Unterschied zwischen Gewinnen oder Verlieren bedeuten kann, 5000 Menschen an die Wahlurnen zu holen. Der Bezirk hat 724.000 Einwohner; 5000 sind weniger als 1 Prozent davon.

Zwischen 5000 und alle ist ein Riesenunterschied. Und für Ihre Arbeit können 5000 der richtigen Personen weitaus mehr als genug sein.

Eine simple Ein-Wort-Umgestaltung

Da Sie nun sehen, dass Ihre Arbeit darin besteht, zu verändern, und dass Sie das tun können, indem Sie identifizieren, wen Sie verändern wollen, indem Sie dafür sorgen, dass Menschen sich auf Sie einlassen (Enrollment) und auf dem Weg zu dieser Veränderung aufgeklärt werden, lassen Sie uns überdenken, wie Sie diejenigen beschreiben können, die Sie verändern.

Statt über Interessenten und Kunden zu reden, bezeichnen wir sie fortan als unsere »Schüler«.

Wo sind Ihre Schüler?

Welchen Nutzen ziehen sie aus dem Lernen?

Sind sie offen dafür, unterrichtet zu werden?

Was werden sie anderen berichten?

Dies ist keine Schüler-Lehrer-Beziehung mit Tests und Regelbefolgung. Und es ist auch nicht die Machtdynamik von Sexismus oder Rassismus. Es ist die Student-Mentor-Beziehung des Enrollment und der Entscheidung und Fürsorge.

Wenn Sie die Möglichkeit hätten, uns zu unterrichten, was würden wir lernen?

Wenn Sie die Chance hätten, zu lernen, worin würden Sie gern unterrichtet werden?

Das Meer lila färben

Es gibt einen gefährlichen Streich, der auf UV-Farbe zum unbemerkten Markieren von diebstahlgefährdeten Gegenständen basiert. Diese Farbe in Form von Pulver ist ziemlich ergiebig. Sobald das Pulver mit der Feuchtigkeit auf der Haut in Kontakt gerät, verfärbt es sich leuchtend lila und lässt sich nur schwer abwaschen.

Gibt man einen Teelöffel davon in einen Swimming-Pool, färbt sich das Wasser leuchtend lila. Gibt man jedoch einen Tropfen ins Meer, so wird niemand etwas bemerken.

Deshalb müssen Sie nicht die Hoffnung aufgeben.

Es bedeutet lediglich, dass Sie vom Meer weggehen und sich einen Pool suchen sollen, der groß genug ist.

Das genügt, um etwas zu bewirken. Fangen Sie dort an, mit klarem Fokus. Sobald es funktioniert, suchen Sie sich einen anderen Swimmingpool. Oder noch besser, lassen Sie Ihre Kunden die Idee verbreiten.

»Es ist nichts für Sie«

Das sollen wir nicht sagen. Ganz sicher *wollen* wir das nicht sagen.

Aber wir müssen.

»Das ist nichts für Sie«, zeigt die Fähigkeit, jemanden genügend zu respektieren, dass man nicht seine Zeit verschwenden wird, sich anbiedern oder darauf beharren wird, dass der andere seine Überzeugungen ändert. Es zeigt Respekt für jene, denen Sie dienen möchten, zu sagen: »Das habe ich für Sie gemacht. Nicht für die anderen Menschen, aber für *Sie.*«

Zwei Seiten derselben Münze.

Es ist die Freiheit, die Kritiker zu ignorieren, die den Witz nicht verstehen, das Privileg, Ihre Geschichte für jene aufzupolieren, die sie am dringendsten hören müssen … Dort werden Sie Arbeit finden, auf die Sie stolz sein können.

Weil es keine Rolle spielt, was Menschen denken, die Sie nicht bedienen wollen. Wichtig ist, ob Sie die Menschen verändern, die Ihnen vertrauen, die Menschen, die sich Ihnen anschließen, denen Sie dienen möchten.

Wir wissen, dass jeder Bestseller auf Amazon mindestens ein paar Kritiken mit nur einem Stern hat. Es ist unmöglich, ein Werk zu erschaffen, das bedeutend ist *und* jedem gefällt.

Das Dilemma des Komikers

Einer der großen Komiker unserer Zeit wird für einen Auftritt in New York City gebucht. Sein Agent passt jedoch nicht auf.

Der Komiker kommt in den Klub, ist gut gelaunt. Er bringt seine besten Witze. Er steht da oben, beackert das Publikum, und niemand lacht.

Kein Piep.

Es ist ein totaler Reinfall.

Nach der Show geißelt er sich, überlegt, seinen Job an den Nagel zu hängen.

Dann entdeckt er, dass es sich bei dem Publikum um eine italienische Reisegruppe handelt, in der niemand Englisch spricht.

»Es ist nichts für Sie.«

Es kann gut sein, dass Ihre Arbeit nicht so gut ist, wie sie sein müsste. Genauso gut kann es aber sein, dass Sie nicht von Anfang an klargemacht haben, für wen sie gedacht war.

Das einfache Marketingversprechen

Hier ist eine Vorlage, ein Marketingversprechen aus drei Sätzen, mit dem Sie es versuchen können:

> *Mein Produkt ist für Menschen, die glauben ______.*
>
> *Ich konzentriere mich auf Menschen, die ____________ wollen.*
>
> *Ich verspreche, wenn Sie das in Anspruch nehmen, was ich mache, wird es Ihnen helfen, __________ zu bekommen.*

Und Sie dachten, dass Sie alle nur hier wären, um Seife zu verkaufen.

Fallstudie: Open Heart Project

Susan Piver war eine angesehene Meditationslehrerin. Sie hatte einen New-York-Times-Bestseller geschrieben und ihre Kurse waren gut besucht. Wie viele andere vor ihr hatte sie eine Praxis und eine kleine Anhängerschaft.

Nach einem Klausurtreffen fragten sie jedoch Menschen von außerhalb der Stadt: »Wie können wir bei uns im Ort einen Lehrer finden, um die Übungen weiterhin zu praktizieren?«

Um dieses Bedürfnis zu erfüllen, entschied sie, ein Online-Meditationszentrum zu gründen, ein Sangha.

Ein paar Jahre später hat das Sangha mehr als 20.000 Mitglieder. Die meisten von ihnen bekommen regelmäßige Updates und Videolektionen und zahlen nichts für die Interaktionen. Andere sind jedoch tief gehender verbunden. Sie zahlen einen Mitgliedsbeitrag und kommunizieren nahezu täglich mit ihrem Lehrer (und miteinander).

Wie kam sie zu 20.000? Nicht auf einen Schlag. In Tausenden kleinen Schlägen.

Nach nur wenigen Jahren war das kleine Projekt zur größten Meditationsgemeinschaft der Welt geworden. Mit nur einem Vollzeitmitarbeiter verbindet und inspiriert es Tausende Menschen.

Es gibt zahllose Meditationslehrer in den Vereinigten Staaten, die alle Zugang zu einem Laptop haben, der genauso mit der Welt verbunden ist wie der von Susan. Wie konnte das Open Heart Project so viel bewirken?

1. Beginnen Sie mit Einfühlungsvermögen, um ein echtes Bedürfnis zu erkennen. Kein erfundenes, kein »Wie kann ich eine Firma gründen?«, sondern »Was wäre hier wichtig?«

2. Konzentrieren Sie sich auf den kleinsten profitablen Markt: »Wie wenige würden das unverzichtbar finden und es dennoch lohnenswert machen?«

3. Passen Sie sich der Weltanschauung der Menschen an, die Sie bedienen wollen. Treten Sie mit einer Geschichte in Erscheinung, die sie hören wollen, erzählt in einer Sprache, die sie zu verstehen bereit sind.

4. Erleichtern Sie die Verbreitung. Wenn jedes Mitglied ein weiteres Mitglied bringt, werden Sie, innerhalb weniger Jahre, mehr Mitglieder haben, als Sie zählen können.

5. Verdienen und erhalten Sie die Aufmerksamkeit und das Vertrauen jener, die Sie bedienen.

6. Bieten Sie Wege zur Vertiefung an. Statt nach Mitgliedern für Ihre Arbeit zu suchen, suchen Sie nach Wegen, für Ihre Mitglieder arbeiten zu können.

7. Während die Menschen sich auf ihren Reisen auf ihre Ziele zubewegen, erzeugen und reduzieren Sie bei jedem Schritt Spannung.

8. Zeigen Sie sich oft. Tun Sie es mit Demut und konzentrieren Sie sich auf Bereiche, die funktionieren.

KAPITEL FÜNF

Die Suche nach dem »Besseren«

Die Beer Advocate Website listet 250 Biersorten auf, die jede mehr als 3400 Bewertungen bekommen hat. Jedes Bier ist jemandes Lieblingsmarke. Möglicherweise gibt es in den Vereinigten Staaten Tausende Biersorten, die jemandes Lieblingsbier sind.

Wie kann das sein? Weil Geschmack eine Rolle spielt. Alle anderen irren sich.

Wenn ein Marketer kommt und sagt: »Das hier ist besser«, dann irrt er sich.

Er meint eigentlich: »Das hier ist besser für irgendjemanden und es könnte besser für Sie sein.«

Einfühlungsvermögen steht im Zentrum von Marketing

Menschen glauben nicht das, was Sie glauben.

Sie wissen nicht, was Sie wissen.

Sie wollen nicht, was Sie wollen.

Das stimmt, aber wir wollen es nicht akzeptieren.

Sonder wird definiert als der Moment, in dem du erkennst, dass alle um dich herum ein Innenleben haben, das genauso reich und konfliktbeladen ist wie deins.[2]

---

[2] Der Begriff stammt aus dem Blog »The Dictionary of Obscure Sorrows«, in dem der Grafikdesigner und Filmemacher John Koenig ein Handbuch aus selbst erfundenen Wörtern zusammenstellt, die Lücken in unserem Wortschatz füllen sollen. So definiert Koenig sonder als »die Erkenntnis, dass jeder willkürliche Passant ein ebenso lebendiges und komplexes Leben führt wie man selbst«, s. https://www.dictionaryofobscuresorrows.com/post/23536922667/sonder, Anm. d. Übers.

Jeder denkt, dass er recht hat und durch andere Kränkungen und Respektlosigkeit erfährt.

Jeder hat Angst. Und jeder erkennt, dass er auch Glück hat.

Jeder verspürt den Drang, Dinge zu verbessern, sich zu vernetzen und etwas beizutragen.

Jeder will etwas, dass er unmöglich haben kann. Und wenn er es haben könnte, würde er feststellen, dass er es gar nicht wirklich haben wollte.

Jeder ist einsam, unsicher und irgendwie ein Schwindler. Und jedem ist irgendetwas wichtig.

Als Marketer haben wir die geringe Chance, Marketing bei anderen zu betreiben. Darauf zu bestehen, dass sie unser Programm erhalten, dass sie erkennen, wie hart wir gearbeitet haben, wie wichtig unser Anliegen ist ...

Ein Millionen-Euro-Schnäppchen

Stellen Sie sich die Zwangslage eines Nonprofit-Fundraisers vor. Er versucht, 1 Million Euro für das neue Gebäude auf dem Campus zu sammeln. Jedes Mal, wenn er sich mit einer Stiftung oder einem Menschenfreund trifft und ein Einwand erhoben wird, sagt er zu sich selbst: »Sie haben recht, das ist eine unglaubliche Summe. Ich würde niemals 1 Million für wohltätige Zwecke spenden – ich habe ja schon genug Mühe damit, meine Miete zu bezahlen.«

Und so kommt es nicht zu der Spende.

Einfühlungsvermögen verändert die Dynamik. Weil die Spende nicht für ihn ist, sondern für den Spendenden.

Sie ist für den Spender, der zu sich selbst sagt: »Diese Spende von 1 Million Euro ist ein Schnäppchen. Ich werde aus dieser Entscheidung Freude, Ansehen und Befriedigung im Wert von mindestens 2 Millionen Euro herausholen.« Und das ist in Ordnung. So funktionieren Entscheidungen.

Alles, was wir kaufen – jede Investition, jedes Kinkerlitzchen, jede Erfahrung – ist ein Schnäppchen. Deshalb haben wir es erworben. Weil es mehr wert ist, als wir dafür bezahlt haben. Sonst hätten wir es nicht gekauft.

Wenn wir zurückkehren zu dem glücklosen Fundraiser bedeutet das, dass wir stehlen, wenn wir nicht bereit sind, Einfühlungsvermögen für die Geschichte der Person aufzubringen, der wir dienen wollen.

Sie stehlen, weil Sie eine wertvolle Option zurückhalten. Sie halten jemanden davon ab, zu verstehen, wie sehr er von dem profitieren wird, was Sie geschaffen haben ... ein so erheblicher Nutzen, dass es ein Schnäppchen ist.

Wenn der Betreffende versteht, was angeboten wird, und sich entscheidet, nicht zu kaufen, dann ist es nicht für ihn. Nicht heute, nicht zu diesem Preis, nicht mit dieser Struktur.

Das ist auch in Ordnung.

Über »besser« nachdenken

Es ist verlockend, zu entscheiden, dass eine transitive Beziehung vorliegt, dass A > B > C. Das funktioniert, zum Beispiel, bei Strecken. Ein Lineal ist länger als ein Daumen und ein Daumen ist länger als ein Pfefferkorn und deshalb ist ein Lineal länger als ein Pfefferkorn.

Aber lineare Vergleiche ergeben keinen Sinn, wenn wir Geschichten und Gelegenheiten für Menschen konstruieren.

Eine Handtasche von Hermès ist teurer als eine von Louis Vuitton, die wiederum teurer ist als eine von Coach. Das bedeutet aber nicht, dass die Handtasche von Hermès »besser« ist. Es bedeutet lediglich, dass sie teurer ist, was nur ein Aspekt von vielen ist, die für jemanden möglicherweise eine Rolle spielen.

Kosten mögen leicht erfassbar sein, aber es steht nie eindeutig fest, dass mehr immer besser ist.

Was ist mit subjektiveren Kategorien wie »stilvoll« oder »modisch« oder »angesehen«? Plötzlich ist es nicht mehr linear, nicht leicht zu messen. Und es ist überhaupt nicht klar, was besser bedeutet.

Besser liegt nicht bei Ihnen

In Cleveland sind mehr als 250 Motorradmodelle erhältlich. Können Sie die aufzählen? Niemand kann das, nicht einmal ein Motorradsammler.

Das Gleiche gilt für Ketchup, für Versicherungsmakler, für Kirchen.

Wie also verarbeiten wir das, merken es uns, wählen ein Produkt?

Wir merken uns das Beste.

Das Beste wofür?

Das ist die entscheidende Frage. *Am besten für uns.*

Wenn für uns Nachhaltigkeit und der Preis wichtig sind, dann hat unser Gehirn eine Nische für unsere Lieblingsmarke und das ist diejenige, die bei Nachhaltigkeit und Preis am besten abschneidet. Keine große Überraschung.

Aber unser Nachbar, dem Ansehen und Luxus weitaus wichtiger sind, merkt sich eine andere Marke.

Das ist nicht erstaunlich, da wir Menschen sind und keine Maschinen.

Ihr Job als Marketer besteht darin, auf der Karte einen Fleck mit Randgebieten zu finden, nach denen (manche) Menschen suchen. Kein eigennütziges, einzigartiges Verkaufsangebot, um Ihren Marktanteil zu vergrößern, sondern ein großzügiges Leuchtfeuer, ein abgefeuertes Leuchtsignal, damit die Menschen, die Sie finden wollen, dies auch bewerkstelligen.

Wir sind hier, nicht dort.

Marketing von Hundefutter

Hundefutter *muss* besser werden, nährstoffreicher und natürlich schmackhafter.

Im vergangenen Jahr haben die Amerikaner mehr als 24 Milliarden Dollar für Hundefutter ausgegeben. Der Durchschnittspreis ging durch die Decke und ebenso die Feinschmeckerbeschaffenheit der Bestandteile, wie Süßkartoffeln, Elchfleisch und Freiland-Bison.

Und doch habe ich noch nie gesehen, dass ein Hund Hundefutter kauft.

Sie?

Hundefutter mag mit steigendem Preis wohlschmeckender werden, aber eigentlich haben wir keine Ahnung. Wir haben keinen Schimmer, ob es den Hunden besser schmeckt, denn wir sind keine Hunde.

Aber wir können sicher sein, dass die Hundebesitzer es mehr mögen. Es geht um das Gefühl, das es ihnen verschafft, die Befriedigung, sich gut um ein Tier zu kümmern – das wiederum mit Loyalität und Zuneigung reagiert –, den Status, eine Luxusware zu kaufen und die Großzügigkeit, diese zu teilen.

Manche Hunde*besitzer* möchten mehr für Hundefutter ausgeben. Manche wollen glutenfreies Hundefutter, angereichert mit hochwertigen Scheinpräparaten.

Aber lassen Sie uns nicht durcheinanderbringen, für wen all diese Innovationen sind. Nicht für die Hunde.

Sie sind für uns.

Ein Marketer für eine Hundefutterfirma mag entscheiden, dass das Geheimnis höherer Verkaufszahlen darin besteht, ein geschmackvolleres Futter anzubieten. Das erfordert jedoch, zu wissen, wie ein Hund denkt, was verdammt schwierig ist.

Wie sich zeigt, besteht die richtige Formel darin, ein Hundefutter anzubieten, das die Hundebesitzer kaufen wollen.

Dieses Beispiel soll Ihnen nicht dabei helfen, Hundefutter besser zu vermarkten. Es geht vielmehr um die Diskrepanz zwischen Leistung und Anreiz, die fast immer besteht. Dass die Wahl des Technikers bezüglich der besten Preis-Leistungs-Kombination selten der Entscheidung des Marktes entspricht.

Wir haben zwei Stimmen im Kopf. Da ist die Stimme des Hundes, die nicht viele Worte hat, aber weiß, was sie will. Und da ist die Stimme des Hundebesitzers, die differenziert, widersprüchlich und komplex ist. Sie jongliert mit zahllosen Inputs und lässt sich leicht ablenken.

Wie der Hundebesitzer, der auf hundert Faktoren basierend auswählt (aber nicht nach Geschmack), so sind auch den Menschen, die Sie bedienen wollen, eine Vielzahl von Inputs und Emotionen wichtig und nicht nur, was am preisgünstigsten ist.

Wählen Sie Ihre Extreme und Sie wählen Ihren Markt. Und umgekehrt.

Erstanwender sind keine Anpasser: Sie lechzen nach Neuem

Erstanwender stehen nicht am Anfang der Reise des Marketers. Aber es ist wichtig, sie nicht als *Anpasser* zu betrachten. Anpasser finden einen Weg, in der sich verändernden Welt zurechtzukommen. Sie sind nicht froh über die Veränderung, aber sie passen sich an.

Die Erstanwender sind dagegen Neophile – süchtig nach Neuem. Neues zu entdecken ist für sie ein Nervenkitzel, sie genießen die Spannung des »Das könnte funktionieren« und es bereitet ihnen Vergnügen, mit ihren Entdeckungen anzugeben. Neophile sind nachsichtig gegenüber den Fehlversuchen jener, die mit ihnen zusammen Neuerungen einführen wollen, aber unversöhnlich, sobald die erste Begeisterung über die Entdeckung verflogen ist.

Dieses unerbittliche Verlangen nach Besserem ist exakt der Grund, warum sie ständig auf der Suche nach Neuem sind. In den Augen eines Erstanwenders kann man nicht perfekt sein; das Beste, was man sein kann, ist interessant.

Bei Ihrer Arbeit als Marketer werden Sie zwischen diesen beiden Polen hin- und hergerissen. Manchmal werden Sie damit beschäftigt sein, interessante neue Dinge für Menschen zu erschaffen, die schnell gelangweilt sind. Und manchmal werden Sie versuchen, dauerhafte Produkte und Dienstleistungen zu erschaffen, die sich über die winzige Gruppe der Neophilen hinaus verbreiten und den Rest des Markts erfreuen.

Bei der Arbeit eines Marketers steht deshalb am Anfang nahezu immer die magische Frage: *Für wen ist es?*

Die Menschen, denen Sie dienen wollen – woran glauben die? Was wollen sie?

Eine Nebenbemerkung über die Reptilienmenschen, die uns kontrollieren

Professor Roland Imhoff von der Johannes Gutenberg Universität in Mainz wollte herausfinden, was Menschen dazu bringt, sich für eine Überzeugung zu entscheiden.

Er hat vor allem eine bestimmte Art von Sonderling studiert: den Verschwörungstheoretiker. Warum üben Verschwörungstheorien auf manche Menschen eine so große Anziehungskraft aus, obwohl wir wissen, dass sie nicht den Tatsachen entsprechen? Und auf welche Menschen?

Laut einer Studie wurde festgestellt, dass viele Menschen, die glauben, dass Lady Diana immer noch am Leben sei und ihren Tod nur vorgetäuscht habe, es *ebenso* für möglich halten, dass sie ermordet worden ist. In einer vergleichbaren Studie äußerten Menschen die Überzeugung, dass Osama bin Laden bereits tot war, als die Navy Seals in seine Wohnanlage eindrangen, es aber für genauso vorstellbar halten, dass er noch am Leben ist.

Die Tatsachen stehen hier nicht zur Debatte. Vielmehr finden diese Theoretiker Trost in ihrem Status als Sonderling und sind *auf der Suche nach einem Gefühl und nicht nach einer logischen Wahrheit.*

Imhoff schreibt: »Anfälligkeit für Verschwörungstheorien muss nicht immer aus einem Gefühl von Kontrollverlust resultieren, sondern vielmehr aus einem tief verwurzelten Bedürfnis nach Einzigartigkeit.«

Imhoff konfrontierte in seiner Studie amerikanische Verschwörungstheoretiker mit ausgedachten »Fakten« über eine

Verschwörung bezüglich Rauchmeldern in Deutschland. Als er der Gruppe sagte, dass 81 Prozent der deutschen Bevölkerung die Verschwörungstheorie glaubten, waren sie nicht annähernd so interessiert oder begeistert wie bei der Aussage, dass nur 19 Prozent der Bevölkerung die Theorie unterstützen.

Durch das Anfeuern des Außenseiters sprechen die Verschwörungstheoretiker auf dessen gewünschtes Gefühl an, einzigartig und ein mutiger Verkünder der Wahrheit zu sein.

Diese Gruppe betrachtet sich selbst nicht als exzentrisch. Es steht nicht jedes Mitglied mit seiner eigenen Theorie ganz allein auf weiter Flur. Stattdessen wollen sie Teil einer *kleinen* Gruppe sein, einer Minderheit, einer freimütigen Gruppe, deren Mitglieder sich gegenseitig Trost und Zuspruch spenden, während sie von der Außenwelt ignoriert werden. Sie verspüren dieses Gefühl jedes Mal, wenn sie mit anderen Entdeckern von Reptilienmenschen zusammen sind.

Das ist kein so großer Sprung wie bei den zahllosen Mikrogruppen, denen so viele Erstanwender angehören.

Früher oder später wird jeder von uns (für eine Weile) zu der Art von Person, die daran glaubt, dass Reptilienmenschen die Welt kontrollieren. Wir suchen nach unserer eigenen kleinen Insel der Einzigartigkeit.

Demut und Neugier

Ein Marketer ist neugierig auf andere Menschen. Er oder sie fragt sich, womit andere ringen, wie sie ticken. Er oder sie ist fasziniert von deren Träumen und Überzeugungen.

Und er oder sie besitzt die Demut, den Mangel an Zeit und Aufmerksamkeit zu akzeptieren, mit dem sein oder ihr Publikum täglich zu kämpfen hat.

Die Menschen sind nicht erpicht darauf, Sie mit ihrer Aufmerksamkeit zu bezahlen. Die Tatsache, dass Sie eine Anzeige gekauft haben, verschafft Ihnen nicht etwas derartig Unbezahlbares.

Stattdessen können wir hoffen, dass die Menschen ihre Aufmerksamkeit freiwillig *eintauschen*. Gegen etwas eintauschen, das sie brauchen oder wollen. Es eintauschen, weil sie ehrlich interessiert sind. Es eintauschen, weil sie darauf vertrauen, dass Sie Ihr Versprechen halten.

Nicht jeder wird interessiert sein. Aber wenn Sie Ihren Job richtig machen, werden es genügend Leute sein.

Das sind Schloss und Schlüssel. Sie laufen nicht herum und probieren an allen erdenklichen Schlössern aus, ob Ihr Schlüssel passt. Stattdessen suchen Sie Menschen (das Schloss) und da Sie sich für deren Träume und Wünsche interessieren, erschaffen Sie einen Schlüssel nur für diese Menschen, einen, gegen den diese gern ihre Aufmerksamkeit eintauschen.

Ein Rettungsschwimmer kann nicht viel Zeit damit verbringen, vor dem Ertrinkenden eine Verkaufspräsentation zu abhalten. Wenn Sie mit einem Rettungsring auftauchen und der Ertrinkende erkennt, was auf dem Spiel steht, müssen Sie nicht erst Anzeigen schalten, damit er sich daran festhält.

Fallstudie: *Be More Chill* – mehr als ein Weg, um Erfolg zu haben

Zwei Jahre, nachdem sich fast niemand dieses schlecht bewertete Musicaldebüt in New Jersey angesehen hatte, tauchte der Soundtrack in den *Billboard* Top 10 Album-Charts auf. Mehr als 100 Millionen Streams, nachdem es zum ersten Mal aufgezeichnet worden war, ist *Be More Chill* der Musical-Hit, den Sie (noch) nicht sehen können.

Abgesehen von *Hamilton* ist dies das beliebteste Musical seiner Zeit, zieht Fan Fiction, gezeichnete Animationsvideos und Schulaufführungen nach sich.

Dieses Phänomen ereignete sich ohne Broadway-Debüt. Ohne das Risiko, die Zeit und Ausschusssitzungen. Und ganz sicher ohne gute Bewertungen nach der Premiere. Charles Isherwood schrieb in der *New York Times*: „vorhersagbar in seiner Handlung … fade … standardisiert …“

Die Sache ist die: Es war kein Stück für Isherwood oder irgendeinen anderen Kritiker. Es war direkt auf die neue Generation gemünzt, die es angenommen hat. Und darüber redet. Es weitererzählt. Ein Fan namens Claudia Cacace in Neapel, Italien, zeichnete einen Teil der Videoanimation, die von Dove Calderwood in Idaho Falls, Idaho, gesehen wurde und der sie daraufhin engagierte, mehr zu zeichnen. Und so verbreitete es sich.

Bei einer kürzlichen Performance in einem Café und einem Meet and Greet in New York (was sich über Stunden hinzog) kamen Fans aus aller Welt, um sich mit den Urhebern zu treffen. Und – genauso wichtig – miteinander.

Es überrascht wohl kaum, dass dieses Musical erneut aufgeführt wird. Dieses Mal Off-Broadway.

Wozu ist ein Auto da?

Genauer gesagt, wozu dient der erste Wagen eines jungen Menschen?

Nicht nur als Transportgerät. Schließlich schaffen es eine Menge junger Leute sogar ohne eigenes Auto durchs Studium. Es ist ein Wunsch, aber keine Notwendigkeit.

Nur wenige Erwerbungen führen zu größeren Veränderungen als diese und wir sehen unterschiedliche Veränderungen bei unterschiedlichen Menschen.

Für einen jungen Menschen bedeutet es den Übergang vom abhängigen Kind zum unabhängigen Erwachsenen.

Dadurch verändern sich Status, Ansehen und Macht. Das ist wesentlich mehr als nur vier Räder.

Für die Eltern bedeutet es eine Veränderung von der Kontrolle über jemanden zum Anbieten von Freiheit und Verantwortung. Und es führt zu erheblichen Diskussionen über Sicherheit, Kontrolle und Status.

Was werden die Nachbarn sagen? Was sagen wir uns selbst bezüglich Sicherheit? Über Unabhängigkeit, Chance und Verweichlichen?

All diese Veränderungen stehen im Zentrum der Autoentscheidung. Wenn der Designer, der Marketer und der Verkäufer diese Veränderungen bei ihrer Arbeit sehen, dann liefern sie mehr Wert, denn sie können mit diesen Themen im Hinterkopf gestalten.

Zu viel Auswahl

Altmodisches gewerbliches Marketing wird um die Person herum gestaltet, die die Werbung bezahlt. Es ist ein Dienst *am* Kunden und nicht *für* den Kunden. Traditionelles Marketing nutzt die Druck- und Lockvogeltaktik, um zu verkaufen – den Kunden an Land zu ziehen, an das Geld zu kommen, die Unterschrift unter den Vertrag zu bekommen.

Wenn dem Kunden keine andere Wahl bleibt, als zuzuhören und sich auf Sie einzulassen, wenn es nur drei TV-Kanäle gibt, nur ein Geschäft im Dorf, nur wenig Auswahl, lohnt es sich, das Race to the Bottom [Rennen zum Bodensatz oder Unterbietungswettlauf] zu gewinnen.

Aber der neuerdings gestärkte Kunde hat entdeckt, dass sich das, was auf den Marketer wie Durcheinander wirkt, wie Auswahl anfühlt. Dem Kunden ist klar geworden, dass es eine unendliche Zahl von Wahlmöglichkeiten gibt, eine endlose Parade von Alternativen. Für den Marketer ist das, als würde er versuchen, in der Wüste Sand zu verkaufen.

Jedes Jahr werden eine Million Bücher veröffentlicht, mehr als 500 Arten von Ladegeräten auf Amazon und mehr Coaches, Kurse und Klubs, als sich jeder auch nur vorstellen kann, geschweige denn buchen oder Mitglied bei ihnen zu werden.

Umgeben von diesem Tsunami der Auswahl, der größte Teil angeboten von Leuten, die schlichtweg selbstsüchtig sind, hat der Konsument eine offensichtliche Entscheidung getroffen. Reißaus nehmen.

Als Dienstleistung positionieren

In einer Welt der Auswahl, in der wir zu wenig Zeit, zu wenig Raum und zu viele Optionen haben, wie entscheiden wir uns da?

Für diejenigen, denen wir dienen wollen, ist es einfacher, dicht zu machen und gar nicht erst zu versuchen, ihre Probleme zu lösen. Wenn es sich so anfühlt, als könnte jede Entscheidung falsch sein, ist es besser, nichts zu tun. Wenn die Welt voller Behauptungen und Reklame ist, glauben die Menschen nichts davon.

Marketer können sich entscheiden, für *etwas Bestimmtes* zu stehen. Statt zu sagen: »Sie können irgendeinen auswählen und wir sind irgendeiner«, kann der Marketer mit einem Publikum beginnen, das es wert ist, bedient zu werden, mit dessen Bedürfnissen und Wünschen und Träumen beginnen und für dieses Publikum dann etwas aufbauen.

Dazu gehört, bis zum Äußersten zu gehen.

Einen Vorteil zu finden.

Für etwas Bestimmtes zu stehen, nicht für alles.

Die Methode: Zeichnen Sie ein simples XY-Koordinatensystem.

Alle verfügbaren Alternativen können in dieses System eingezeichnet werden: (Ich bezeichne sie noch nicht als Wettbewerber und Sie werden sehen, warum.) Alle Kartoffelchipssorten in einem bestimmten Supermarkt, alle Arten von Behandlungsmitteln bei einem schmerzenden Rücken, alle spirituellen Institutionen in einem kleinen Ort.

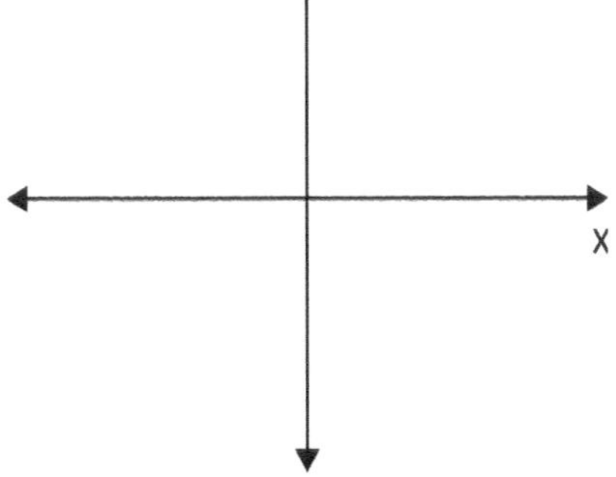

Nehmen Sie zwei Achsen, eine horizontale (X) und eine vertikale (Y).

Suchen Sie für jede Achse etwas aus, das Menschen wichtig ist. Es kann etwas sein wie Komfort, Preis, Gesundheit, Leistung, Popularität, Qualifikationsniveau oder Effizienz.

Es gibt zum Beispiel sechs Wege, um ein paar Diamanten quer durch die Stadt zu transportieren. Auf einer Achse haben wir Geschwindigkeit und auf der anderen Sicherheit. Es stellt sich heraus, dass sowohl ein gepanzerter Wagen als auch die Post gern den sicheren Transport eines kleinen Umschlags mit Diamanten übernehmen, aber der eine braucht dafür sehr lange und der andere nur einen Nachmittag.

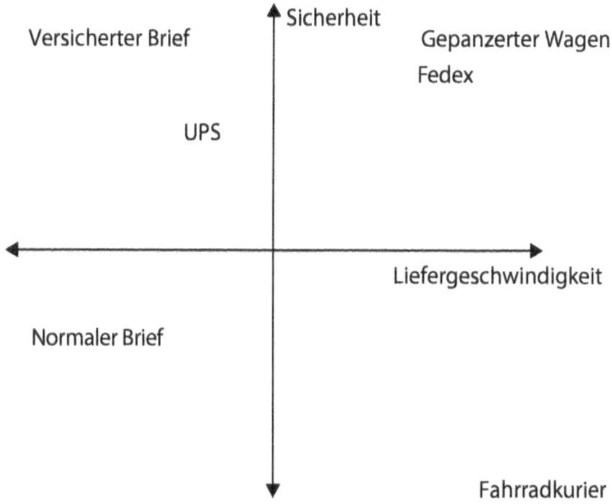

Wenn es Ihnen nicht auf Sicherheit ankommt, ist der Fahrradkurier noch schneller. Und falls Ihnen weder Geschwindigkeit noch Sicherheit wichtig sind, nun, dann tut es auch eine Briefmarke.

Die Magie des Positionierens von Extremen im XY-Raster besteht im Verdeutlichen, dass jede Option angemessen sein kann, je nachdem, was Sie wollen. Erkennen Sie, dass die Grafik ganz anders aussehen würde, wenn die Achsen umbenannt werden würden in Komfort, Kosten, Umweltbelastung oder Skalierbarkeit?

Dieselbe Herangehensweise funktioniert bei Kartoffelchips (teuer, aus der Region, aromatisiert, extra dick, preiswert und so weiter) oder für Walmart, Zales und Tiffany (Preis, Komfort, Ansehen, Seltenheit). Oder ein Kreuzfahrtschiff und einen Privatjet. Oder vielleicht einen Ford, einen Tesla und einen McLaren. Wir interessieren uns nicht so sehr für die Ausstattung wie für die Gefühle, die diese Merkmale hervorrufen.

Im Folgenden ein paar Achsen, aus denen Sie auswählen können. Da Sie Ihren Bereich sehr viel besser kennen als ich, fallen Ihnen bestimmt noch mehr ein.

Geschwindigkeit
Preis
Leistung
Inhaltsstoffe
Reinheit
Nachhaltigkeit
Offensichtlichkeit
Instandhaltungskosten
Sicherheit
Nervosität
Verteilung
Netzeffekt
Bedrohung
Sichtbarkeit
Modernität
Privatsphäre
Professionalität
Schwierigkeit
Elitedenken
Gefahr
Experimentell
Begrenztheit
Unvollständig

Nachdem Sie sich ein Merkmal mit zwei Extremen für die X-Achse ausgesucht haben, suchen Sie ein anderes Merkmal für die Y-Achse. Zeichnen Sie die Optionen, die Ihr Kunde hat, in die Grafik.

Nun haben Sie eine Karte, wie die Alternativen im Vergleich zueinander dastehen. Eine Karte, die ein viel beschäftigter Mensch nutzen kann, um eine Lösung für sein Problem zu finden.

Manche Kartoffelchips werden als gesund und biologisch vermarktet, andere als traditionell und befriedigend, wieder andere als preiswert und viel gekauft.

Marketer haben das schon immer getan. Als David Ogilvy und Rosser Reeves (und vermutlich Don Draper) in den 1950ern

Werbung konzipierten, haben sie nach einer Marktlücke gesucht und sich dann einfach Behauptungen und Eigenschaften ausgedacht, die diese Lücke füllen. Eine Seife ist also für Menschen, die Reinheit wollen, eine andere für Menschen, die trockene Haut vermeiden wollen. Es spielt keine Rolle, wenn es sich um die gleichen Seifen handelt, da sie sich selbst »positionieren«. Und als die Marketingpioniere Jack Trout und Al Ries es noch weiter vorantrieben, forderten sie Marketer heraus, die Konkurrenz in eine Ecke zu drängen, während Sie daran arbeiteten, Ihren Platz zu behaupten.

Das ist alles schön und gut, funktioniert aber langfristig nicht in einer wettbewerbsintensiven Welt. Stattdessen sollten wir uns die Suche nach Marktlücken vorstellen als

- Behauptungen, die wahr sind und die wir durch all unsere Handlungen kontinuierlich signifikant erhöhen.
- Behauptungen, die großzügig sind und die als Service für den Kunden existieren.

Für den örtlichen Musiklehrer genügt es zum Beispiel nicht einfach nur zu sagen »Ich bin von hier«, denn, wie wir alle wissen, sind andere Musiklehrer das auch. Darüber hinaus sind »Ich bin ziemlich gut im Unterrichten« und »Ich schreie Ihr Kind nicht an«, wohl kaum erwähnenswerte Merkmale.

Wenn er sich dagegen dafür entscheidet, als eine Achse »Ich nehme den Unterricht ernst, meine Schüler nehmen ihn ernst, und es geht um Sorgfalt« zu nehmen und »Meine Schüler gewinnen Wettbewerbe« als die andere, dann haben Sie plötzlich einen Lehrer, zu dem zu fahren es sich lohnt und der auch ein höheres Honorar wert ist.

Ist das der Lehrer, den ich früher gern gehabt hätte? Ganz und gar nicht. Er ist nichts für mich. Aber für Eltern, die den Übungsraum als Mittel zur Charakterbildung ansehen, und für den Schüler, der Musik als Wettkampf betrachtet, ist es genau das Richtige.

Und nun hat der Lehrer seine Arbeit für sich zurechtgeschnitzt. Denn er muss strenger und professioneller als andere Lehrer sein. Er muss die schwierige Entscheidung treffen, Schüler auszuschließen, die den Unterricht nicht ernsthaft genug betreiben. Und er muss sich mit seiner Schülergruppe beharrlich genug bemühen, damit sie Wettbewerbe gewinnen.

Ein paar Straßen weiter kann ein anderer Lehrer eine ganz andere Position auf der Karte einnehmen. Möglicherweise arbeitet er ganzheitlich mit dem Schüler, konzentriert sich auf die Erfahrung und weniger auf die Noten. Er weigert sich womöglich, an Wettbewerben teilzunehmen, und unterrichtet stattdessen auf der Basis von Beziehung und Großzügigkeit.

Beide Lehrer behandeln unterschiedliche Menschen unterschiedlich. Sie konkurrieren nicht; sie sind einfach nur auf derselben Karte.

Wählen Sie Ihre Achsen, wählen Sie Ihre Zukunft

Wenn Sie sich die Liste der verfügbaren Eigenschaften ansehen, ist es verlockend, diejenigen auszusuchen, die den meisten Menschen wichtig sind. Schließlich ist es harte Arbeit, eine Marktlücke für sich in Anspruch zu nehmen, und sich eine auszusuchen, die nur wenigen Menschen wichtig ist, scheint dumm zu sein. Besser also, so denken wir, uns eine gefragte auszusuchen.

Wenn Sie das tun, dann werden Sie sich ganz sicher einen ziemlich überfüllten Quadranten aussuchen. Und ohne die Magie der Werbung ist es ziemlich schwierig, in einem derart überfüllten Quadranten zu wachsen. Ihr Kunde weiß dann nicht, was er tun soll, also tut er gar nichts.

Die Alternative besteht darin, Ihren eigenen Quadranten aufzubauen. Zwei Achsen zu finden, die übersehen wurden. Eine Geschichte zu entwickeln, eine wahre Geschichte, die Ihr Versprechen einlöst, die Sie in eine Position versetzt, in der Sie die klare und offensichtliche Wahl sind.

Alle anderen, die durchschnittliche oder schwer schuftende Marke, die sich für die durchschnittlichen oder beliebten Achsen entschieden haben – liegen alle auf einem Haufen. Es sind Oldsmobile und Plymouth und Chevrolet und der Rest des Packs.

Sie dagegen sind ein Risiko eingegangen, eines, das zu Ihnen gehört und vielleicht, nur vielleicht, gibt es da draußen unterversorgte Kunden, die es gar nicht erwarten können, Sie zu finden, sich mit Ihnen zusammenzutun und es allen zu sagen.

So viele Wahlmöglichkeiten

Software, Parfüm, Versicherungen, Kandidaten, Autoren, elektronische Geräte, Coaches, Wohltätigkeitsorganisationen und Einzelhändler – Marken, wo Sie auch hinschauen. Wenn Sie lediglich eine Marke aussuchen und neben die folgenden Gefühle setzen dürften, eine Marke, die Sie aussuchen, damit Sie Ihnen hilft, sich auf eine bestimmte Weise zu fühlen, welche Marke würden Sie nehmen?

Sicher
Schön
Verantwortlich
Klug
Stark
Würdig
Verbunden
Angesagt

Falls die Marketer gute Arbeit geleistet haben, dann fällt Ihnen die Entscheidung leicht.

Die Menschen warten auf Sie

Sie wissen es nur noch nicht.

Sie warten auf die Marktlücke, die Sie abstecken werden, die sie sich vorstellen können, aber mit der sie nicht rechnen.

Sie warten auf die Beziehung, die Sie ihnen anbieten werden. Die Fähigkeit, zu sehen und gesehen zu werden.

Und sie warten auf die Spannung des Möglichen, die Fähigkeit, Dinge besser zu machen.

Ihre Freiheit

Sie haben die Freiheit, Ihre Geschichte zu ändern. Sie können eine andere leben, eine, die um jene herum gebaut wurde, denen Sie dienen wollen.

Sie haben die Freiheit, zu verändern, wie Sie Ihren Tag verbringen. Sie können die Aufgaben auslagern und stattdessen den Mut aufbringen, emotionale Arbeit zu leisten. Sie können ein Risiko eingehen und das tun, was andere nicht machen.

Die frustriertesten Marketer, die ich kenne, sind jene, die es als gegeben hinnehmen, dass sie keine Freiheit haben, weil sie in Branche X tätig sind.

Deshalb versuchen Makler Immobilienangebote zu ergattern und tun genau das, was andere Makler auch tun.

Deshalb schaltet das Pharma-Marketing eher generische Anzeigen und bewegt sich an der Grenze der Beeinflussung von Ärzten, statt zu erkennen, wie viele Möglichkeiten es tatsächlich hat.

Deshalb fahren wir auf dem Facebook-Karussell, pushen die Verbreitung unserer Posts, zählen unsere Follower und kreieren immer mehr Inhalte in der Hoffnung, wahrgenommen zu werden. Es gibt so viele andere Wege, etwas zu bewirken und Vertrauen zu gewinnen.

Vieles von dem, was wir in unserer Marketing-Werkzeugkiste als selbstverständlich ansehen, wurde noch vor wenigen Generationen als riskant eingestuft. Es lohnt, den überflüssigen Müll, den wir aufgebaut haben, auszurangieren und ihn durch großzügigere Werkzeuge zu ersetzen.

Die Freiheit des Besseren

Nachdem der Kühlschrank populär gemacht wurde, gab es keinen guten Grund mehr, den Mann, der das Eis lieferte, weiter zu beauftragen. Dafür zu zahlen, lohnte nicht mehr.

Nachdem überall Supermärkte aus dem Boden schossen, wurde es schwieriger, die Arbeit des Milchmanns zu rechtfertigen.

Und nun können wir alle von den riesigen Veränderungen dessen profitieren, was nötig war, um unsere Arbeit zu erledigen (es steht uns jetzt alles zur Verfügung, stimmt's?) und diesen Hebel nutzen, um das Bessere zu definieren.

Denn besser ist das, worauf unser Markt wartet.

Denken Sie an den Immobilienmakler. Er pflegte Daten zu hamstern. Wenn Sie keinen Makler beauftragten, hatten Sie keine Informationen darüber, wonach Sie suchten. Heutzutage, in einer Welt, in der Zillow (eine nordamerikanische Immobilien-Online-Datenbank) 110 Millionen Wohnobjekte gelistet hat, hat der Immobilienkäufer Zugang zu nahezu genauso vielen Informationen wie der Makler.

Wenn es darum geht, den Status quo zu verteidigen, ein Nadelöhr zu sein, erfordert das einen erschöpfenden Sprint, bei dem Sie sich bemühen, einen Vorsprung vor der immer schneller werdenden Technologie und dem Informationsfluss zu halten.

Aber wie würde das Bessere aussehen? *Nicht für Sie, sondern für den Kunden?*

Diese Verschiebung trifft auf viele von uns zu. So viel der Arbeit ist heutzutage vernetzt, automatisiert und verlässlich. 1994 bedurfte es eines Teams von acht Technikern und eines Budgets von Millionen Dollar, um E-Mails an 1 Million Menschen zu verschicken. Heutzutage kann das mithilfe von Feedblitz jeder für neun Dollar im Monat tun.

Vor einem Jahrzehnt bedurfte es eines hingebungsvollen Teams von Verlegern, Printbrokern und Vertriebsmitarbeitern, damit ein Buch landesweit erhältlich war. Heutzutage kann ein Kindle-Buch von jedem mit einem bisschen Geschicklichkeit in einer digitalen Datei veröffentlicht werden.

Wir haben das »Tun« einfacher gemacht und genau deshalb müssen wir diesen Teil unseres Jobs auslagern und unsere ganze Energie auf die schwere Arbeit konzentrieren, Veränderungen durchzuführen.

Noch eine letzte Anmerkung zu *sonder*

Wir täuschen unsere Ansichten, Träume und Ängste nicht vor. Und Sie tun das auch nicht.

In der Politik gibt es eine lange Historie von Menschen, die glauben, dass die auf der »anderen Seite« nicht wirklich meinen, was sie sagen. Dass Barry Goldwater und Jane Fonda nur eine Show abgezogen haben und dass Atheisten tief in ihrem Innern doch an Gott glauben.

Das Gleiche gilt für Mac User versus jenen, die die Linux-Eingabezeile bevorzugen, oder für Mathe-Geeks versus jenen, die behaupten, nicht rechnen zu können.

Wir nehmen an, dass niemand wirklich glauben kann, er könne nicht rechnen, oder dass er oder sie eine derart kranke Politik unterstützen kann, oder bewusst solche Nahrungsmittel zu sich nimmt.

Wir täuschen es nicht vor. Ihre Kunden tun das auch nicht. Diejenigen, die Ihren Konkurrenten bevorzugen, auch nicht.

Wenn wir akzeptieren können, dass Menschen akzeptieren, zu wem sie geworden sind, wird es sehr viel leichter, mit ihnen zu tanzen, sie nicht umzuwandeln, sie nicht dazu zu bringen, zuzugeben, dass sie sich irren. Einfach nur mit ihnen zu tanzen, unsere Geschichte dem hinzuzufügen, was sie sehen, und unsere Überzeugungen dem hinzuzufügen, was sie hören.

KAPITEL SECHS

Jenseits von Massengütern

Zuerst das Problem

Erfolgreiche Marketer beginnen nicht mit einer Lösung, die sie schlauer wirken lässt als alle anderen. Stattdessen beginnen wir mit einer Gruppe, die wir bedienen wollen, einem Problem, das diese lösen und einer Veränderung, die sie umsetzen will.

Im Markt gibt es eine Lücke, in der Ihre Version von besser eine willkommene Veränderung herbeiführen kann. Keine taktische Veränderung. Kein Sechs-Millimeter-Loch oder gar ein Sechs-Millimeter-Bohrer. Nein, wir können auf der emotionalen Ebene etwas verändern.

Es ist unsere Bestimmung, etwas zu bewirken. Die Chance, die Dinge für diejenigen, denen wir dienen wollen, zu verbessern.

Ja, Sie haben eine Bestimmung: Menschen auf eine Weise zu dienen, die sie brauchen (oder wollen). Jeder von uns hat die Möglichkeit, nicht zum eigenen Vorteil einen Weg zu wählen und zu befolgen, sondern wegen dem, was es für andere bewirken kann.

Funktioniert es?

1906 wurde der Vorgänger der FDA [Food and Drug Administration – Arzneimittelzulassungsbehörde der USA] gegründet, um äußerst gefährlichen Produkten entgegenzuwirken. Ärger über Produkte wie Berry's Freckle Ointment [eine Salbe gegen Sommersprossen], die sehr wahrscheinlich krank machte, oder LashLure [ein Mascara zum Färben der Wimpern und Augenbrauen], das in mehr als zwölf Fällen zum Erblinden führte, bewegten die Regierung zum Handeln.

Noch 50 Jahre später war Produktqualität reine Glückssache. Wer hätte sagen können, wann Ihr Wagen den Geist aufgibt?

Heute setzen wir das alles als selbstverständlich voraus. Tatsächlich liefert FedEx mehr als 99 Prozent seiner Pakete pünktlich aus. Autos gehen nicht plötzlich kaputt. Make-up verursacht nur in seltenen Fällen Blindheit. Ihr Webbrowser stürzt nur selten ab, der Strom fällt so gut wie nie aus und das Reisen mit dem Flugzeug war nie sicherer.

Und dennoch sprechen wir ständig davon, besonders gut in unserem Handwerk zu sein, als sei das eine wunderliche Ausnahme.

Viele Menschen sind gut in dem, was Sie tun. Sehr gut sogar. Vielleicht genauso gut wie Sie.

Große Anerkennung für Ihre geleistete Arbeit und Ihre Fähigkeiten. Aber das genügt nicht.

Qualität, die Qualität der Vorgabenerfüllung, ist erforderlich, aber nicht länger ausreichend.

Wenn Sie nicht einmal Qualität liefern können, ist Ihnen dieses Buch keine große Hilfe. Falls Sie es können, super, Glückwunsch. Und nun lassen Sie uns das für einen Moment beiseiteschieben und daran denken, dass das fast jeder andere auch kann.

Der Massenwarenabstieg

Wenn Sie etwas machen, das auch andere tun, wenn es etwas ist, das wir auf Upwork, Amazon oder Alibaba finden können, dann haben Sie ein Problem.

Ihr Problem sieht so aus: Wenn Sie Ihren Preis genügend erhöhen, um eine anständige Rendite für Ihre investierte Arbeit zu bekommen, gehen wir nämlich woanders hin und kaufen preisgünstiger.

Wenn der Preis von allen Dingen nur einen Klick entfernt ist, haben wir keine Angst davor, zu klicken.

Im Sommer am Strand Eis zu verkaufen ist einfach. Die Erwartungen von Menschen zu erhöhen, deren Hoffnungen und Träume aufzugreifen, ihnen zu helfen, weiter in die Zukunft zu sehen – das ist die schwierige Arbeit, für die wir engagiert werden.

Von nun an wissen Ihre Kunden mehr als Sie über Ihre Konkurrenz. Deshalb genügt die Massenwarenarbeit nicht mehr, wie viel Mühe Sie auch hineingesteckt haben.

»Sie können jeden nehmen, und wir sind jeder«

Stellen Sie sich einen Schuhputzstand in der Stadt vor.

Eine Vorgehensweise besteht darin, den besten Standort zu finden, den Sie sich leisten können und jedem das Putzen der Schuhe anzubieten, der es braucht.

Da gibt es jedoch Probleme.

Erstens, wenn jeder so Schuhe putzen kann wie Sie, dann wird der Konkurrent ein Stück die Straße herunter Ihnen die Hälfte Ihres Geschäfts abnehmen – und wenn er mit dem Preis heruntergeht sogar noch mehr.

Zweitens und noch wichtiger, niemand braucht unbedingt polierte Schuhe. Es ist ein Wunsch, aber keine Notwendigkeit.

Und warum sollte sich jemand damit beschäftigen?

Vielleicht möchte jener Kunde gut aussehen, so wie sein Vater ausgesehen hat oder wie Michael Jackson; er fühlt sich dann gut. Selbstsicherer. Eher in der Lage, etwas beizutragen und sich selbstbestimmter zu fühlen.

Vielleicht ist es für jemanden, der es mag, dass ihn jemand bedient. Einmal in der Woche sitzt er auf einem Thron, während ein gut gekleideter, respektvoller Handwerker Arbeit in sein Aussehen steckt.

Vielleicht ist es jemand, dem es eigentlich egal ist, aber es wird von Menschen in seiner Position erwartet. Und nicht irgendein Schuhputzen. *Dieses* Schuhputzen, an diesem öffentlichen Ort, durchgeführt von diesem angesehenen Handwerker.

All diese Nischen und Geschichten und Verwandlungen sind dem Handwerker zugänglich, sobald er sich entscheidet, etwas bewirken zu wollen.

Zu wissen, dass dies die Geschichte ist, die sich Ihr Kunde selbst erzählt, genügt nicht. Sie müssen auch entsprechend handeln, der Möglichkeit die Tür öffnen und das ganze Erlebnis um diese Geschichte herum organisieren.

Das ist die Arbeit, die Menschen verstehen hilft, dass Sie besonders sind, und das ist die Arbeit, die Dinge besser macht.

Wenn Sie wissen, wofür Sie stehen, brauchen Sie nicht zu konkurrieren

Bernadette Jiwa hat ein halbes Dutzend außergewöhnlicher Bücher geschrieben, die das zu oft industrialisierte Handwerk des Marketings menschlicher machten.

In *Story Driven* verdeutlicht sie, dass wir dazu verdammt sind, ständig in den metaphorischen Rückspiegel zu schauen, wenn wir lediglich versuchen, eine Lücke im Markt auszufüllen. Wir sind dann lediglich ein Massenprodukt, stets auf der Hut vor der Konkurrenz. Uns bleibt keine Wahl, als von Knappheit angetrieben zu werden, konzentriert auf das Erhalten oder vielleicht minimale Vergrößern unseres Marktanteils.

Die Alternative besteht darin, Ihre Geschichte zu finden, aufzubauen und sich zu verdienen, den Bogen der Veränderung, die Sie bewirken wollen. Dies ist eine produktive Haltung, die auf Möglichkeiten und nicht auf Knappheit basiert.

Nachdem Sie sich nun Ihr Publikum ausgesucht haben, wohin möchten Sie es mitnehmen?

Bernadette nennt zehn Dinge, die gute Geschichten tun; falls die Geschichte, die Sie sich selbst (und anderen) erzählen, diese Dinge nicht für Sie bewirkt, müssen Sie vielleicht tiefer graben und eine bessere Geschichte finden, eine die wahrer und wirkungsvoller ist. Gute Geschichten:

1. Verbinden uns mit unserem Ziel und unserer Vision für unsere Karriere oder unser Geschäft.
2. Ermöglichen uns, unsere Stärken zu feiern, indem wir uns daran erinnern, wie wir von dort hierhergekommen sind.
3. Vertiefen Ihr Verständnis unseres einzigartigen Wertes und was uns von anderen im Markt unterscheidet.
4. Verstärken unsere Kernwerte.
5. Helfen uns, im Einklang mit uns zu handeln und auf Werten basierte Entscheidungen zu treffen.
6. Ermutigen uns, auf Kunden einzugehen, statt auf den Markt zu reagieren.
7. Ziehen Kunden an, die ein Geschäft unterstützen möchten, das ihre Werte widerspiegelt oder repräsentiert.
8. Bauen Markenloyalität auf und geben den Kunden eine Geschichte, die sie erzählen können.
9. Ziehen die Art von gleichgesinnten Mitarbeitern an, die wir wollen.
10. Helfen uns, motiviert zu bleiben und weiterhin die Arbeit zu tun, auf die wir stolz sind.

Aber Ihre Geschichte ist ein Haken

Und Sie hängen dran.

Sobald Sie eine Geschichte in Anspruch nehmen, sobald Sie sich verpflichten, Menschen bei ihrer Veränderung helfen zu wollen, sie mit auf eine Reise zu nehmen – dann sind Sie am Haken.

Am Haken, um liefern zu müssen.

Am Haken dafür, was als Nächstes passiert.

Ist es verwunderlich, dass wir durchschnittliche Sachen für durchschnittliche Menschen machen wollen? Wenn Sie nicht mehr tun, als eine Alternative anzubieten, dann ist das ein wenig riskanter Weg. Friss oder stirb.

Andererseits ist tolles Marketing die großzügige und mutige Art zu sagen: »Ich sehe eine bessere Alternative; kommen Sie mit mir.«

Fallstudie: Stack Overflow ist besser

Wenn Sie Programmierer sind, dann waren Sie schon bei Stack Overflow. Das ist eine profitable Firma mit mehr als 250 Mitarbeitern, die sich jede Woche mit Millionen von Besuchern befassen. Wenn Sie eine Frage haben, so wurde sie vermutlich bereits in einem ihrer Foren beantwortet.

Stack Overflow spart Programmierern Zeit und Mühe und ist zudem ein Traumprojekt für Tausende Freiwillige, die Inhalte beitragen. Wie hat sein Gründer Joel Spolsky das geschafft?

In den ersten Jahren des 21. Jahrhundert gab es ein Programmierforum namens Experts Exchange. Das Modell war einfach und offensichtlich: Es hostete Antworten zu allgemeinen Programmierfragen und man musste dafür bezahlen, sie lesen zu dürfen. Der Mitgliedsbeitrag betrug jährlich 300 Dollar.

Um das Geschäft aufzubauen, setzten sie auf Knappheit. Die Fragen konnte man kostenlos lesen, nur die Antworten kosteten Geld.

Um Traffic zu bekommen, tricksten sie die primitiven Google-Roboter aus, die das Web durchsuchten, indem sie ihnen Antworten zeigten (die ihnen guten Suchmaschinen-Traffic einbrachten). Aber wenn die Leute auf die Seite wechselten, verschlüsselten sie die Information und versteckten die Antworten, bis die Leute sich angemeldet hatten.

Experts Exchange schuf Profit via Frustration.

Joel erarbeitete mit seinem Mitgründer, dem Programmierer Jeff Atwood, eine andere Vorgehensweise: Die Fragen und die Antworten sichtbar machen und mit Stellenanzeigen dafür bezahlen. Was ist schließlich ein besserer Ort, um großartige Programmierer zu finden, als eine Website, die tolle Programmierer aufsuchen, um Fragen zu stellen und Antworten zu geben?

Nebenbei entdeckte Joel, dass man unterschiedliche Menschen unterschiedlich behandeln muss, wenn man ein besseres Produkt erzeugt und dass man jedem Kundenkreis Geschichten erzählen muss, die zu seiner Weltsicht und seinen Bedürfnissen passen.

Für Programmierer, die es eilig haben, machte er es einfach, eine Frage und die beste Antwort dazu zu finden. Die Antworten sind nach Qualität gereiht, damit Programmierer keine Zeit verschwenden.

Er erkannte, dass auf jede Person, die eine Frage beantwortet, tausend Antwortsuchende kommen. Statt zu versuchen, Fragende zu frustrieren, gab er ihnen, was sie brauchten.

Bei den Antwortenden war es anders. Für sie schuf er eine Community, ein Ranking-System, eine Reihe von Levels, die es ihnen ermöglichten, einen Ruf aufzubauen und mit Macht über die Community belohnt zu werden.

Die Anzeigen der Stellenbörse waren ebenfalls anders. Sie wollten eine schnelle, effiziente Self-Service-Methode, um die besten Leute zu finden. Keine aggressive Verkaufsstrategie, keine Ablenkungen.

Joel wollte einer Personal-Website nicht seinen persönlichen Stempel aufdrücken. Er machte sich auf, um von Nutzen zu sein, Dinge effizienter zu gestalten und den Menschen eine Geschichte zu erzählen, die sie hören wollten und mussten.

Er schuf etwas Besseres und ließ es das Stammpublikum nicht nur weitererzählen, sondern das tun, was ein Außenstehender als Arbeit angesehen hätte.

Über »Besser« entscheiden die Verbraucher, nicht Sie

Google ist besser.

Es war besser als Bing und besser als Yahoo!.

Inwiefern besser?

Die Suchergebnisse waren nicht offenkundig besser.

Die Suche selbst war nicht dramatisch schneller.

Besser war jedoch, dass die Suchmaschine Ihnen nicht das Gefühl gab, dumm zu sein.

Yahoo! Hatte 183 Links auf seiner Homepage. Google hatte zwei.

Es vermittelte Selbstvertrauen und Klarheit. Das war nicht schlecht.

Also war es besser – für manche Leute.

Nun ist DuckDuckGo besser. Weil es nicht Teil eines Großunternehmens ist. Weil es Ihnen nicht nachspürt. Weil es anders ist.

Es ist also besser – für manche Leute.

»Und wir servieren Kaffee«

Bis sie wegen eines Feuers vorübergehend schließen mussten (genau genommen war es die Sprinkleranlage und nicht die Kaffeemaschine, die den Schaden anrichtete), war Trident Booksellers and Café in Boston eine der pulsierendsten und erfolgreichsten Buchhandlungen im Land.

Wie preiswert und groß Amazon auch geworden sein mochte, Trident schaffte es, dass es gut lief. Weil sie etwas tun, was Amazon nicht tun kann. *Sie servieren Kaffee.*

Wenn Sie ein Einzelhandelsgeschäft führen, dass mit Online-Anbietern konkurriert, ist »... und wir servieren Kaffee« kein schlechter Slogan.

Das liegt daran, dass Kaffee in Gesellschaft besser schmeckt.

Kaffee erzeugt neben der Wohnung und dem Arbeitsplatz einen dritten wichtigen Ort im Leben: ein Ort, an man sich trifft, Beziehungen pflegt, träumt.

Also ist Trident eigentlich ein Coffeeshop, der Bücher verkauft.

Die Bücher, die wir gerade gekauft haben, dienen als Souvenir an die persönlichen Kontakte, die wir heute geknüpft haben.

Der authentische, verwundbare Held

Sie kennen diesen Archetyp: Die Frau, die sich mit ihrer ganzen Persönlichkeit zeigt, ihrer inneren Wahrheit, bereit, den Missgeschicken einer Welt standzuhalten, die sie nicht versteht, bis sie es tut, und dann wird gefeiert.

Das ist ein Mythos.

Ein gefährlicher Mythos.

Es gibt ein paar wenige Ausnahmen von der Regel, aber im Allgemeinen brauchen wir Leute, die bereit sind, von Nutzen zu sein.

Von Nutzen für die Veränderung, die sie anstreben.

Bereit, eine Geschichte zu erzählen, die mit einer Gruppe harmonisiert, die ihnen wichtig genug ist, um ihr zu nützen.

Es kann eine Überschneidung geben. Möglicherweise fühlen Sie sich in diesem Moment genau so, möglicherweise aber auch nicht. Die Version von Ihnen, die im Angebot ist, kann viele Schichten tief sein, aber sie kann nicht zu jedem Zeitpunkt alles von Ihnen sein.

Ein Profi spielt eine Rolle, macht die bestmögliche Arbeit, unabhängig vom Tag oder dem Patienten oder Klienten.

Als James Brown auf der Bühne erschöpft auf die Knie fiel und von seinen Begleitmusikern wiederbelebt werden musste, war das brillante Bühnenkunst und keine authentische Darstellung. Schließlich passierte es jeden Abend.

Wenn ein Therapeut den ganzen Tag Leben verändert, indem er geduldig zuhört, ist er vielleicht wirklich geduldig, aber vermutlich macht er einfach nur seinen Job.

Wenn Sie der Barista bei Starbucks anlächelt und Ihnen einen schönen Tag wünscht, dann präsentiert er und ist nicht etwa offenherzig.

Das ist gut so, denn offenherzig ist nicht gleichzusetzen mit »besser«. Offenherzigkeit ist reserviert für Ihre Familie und Ihre engsten Freunde, nicht den Markt.

Schützen Sie sich. Sie werden morgen noch gebraucht.

Service

Marketingaktionen sind die großzügigen Handlungen von Menschen, die sich einsetzen. James Brown und der Therapeut verstehen, dass Authentizität im Markt ein Mythos ist, dass die Menschen verstanden und bedient werden wollen, statt mitzuerleben, wonach Ihnen zu einem bestimmten Zeitpunkt zu tun zumute ist.

Und wenn wir unsere bestmögliche Arbeit abliefern, liegt unsere Verantwortung nicht darin, es für uns selbst zu tun, ... sondern es zu dem Menschen zu bringen, dem wir dienen wollen. Wir reservieren unsere beste Arbeit für sie, nicht für uns. So wie sich ein Drei-Sterne-Koch nicht selbst ein 12-Gänge-Menü zum Abendessen zubereitet, wird von Ihnen nicht erwartet (oder erwünscht), uns all Ihre Unsicherheiten, innersten Ängste und dringendsten Bedürfnisse anzuschleppen.

Sie sind hier, um zu dienen.

Authentizität versus emotionale Arbeit

Emotionale Arbeit bedeutet, das zu tun, wonach uns gerade nicht ist. Es bedeutet, mit einem Lächeln im Gesicht aufzutauchen, während Sie sich innerlich winden, oder dem Drang zu widerstehen, jemanden zurechtzuweisen, weil Sie wissen, dass Sie mehr bewirken können, wenn Sie sich mit ihm zusammentun.

Um authentisch zu sein, bedarf es Energie und Mut. Sie müssen selbstsicher genug sein, um Ihre wahren Gefühle zu zeigen, in dem Wissen, dass es persönlich ist, wenn Sie abgelehnt werden.

Aber es beinhaltet auch eine Menge Verstecken – sich vor der wichtigen Arbeit verstecken, etwas zu verändern. Wenn Sie nichts weiter tun als Ihrer (Schein-)Muse zu folgen, stellen Sie womöglich fest, dass die Muse ein Feigling ist und Sie von der wichtigen Arbeit wegsteuert. Und wenn Ihr authentisches Ich ein selbstsüchtiger Trottel ist, dann lassen Sie ihn bitte zu Hause.

Wenn Sie authentisch sein müssen, um Ihre beste Arbeit zu liefern, dann sind Sie kein Profi, sondern ein Amateur, der Glück hat. Glück, weil Sie einen Auftritt haben, bei dem es Ihnen hilft, so zu sein, wie Sie sich in dem Moment fühlen.

Für uns andere gibt es die Möglichkeit, ein Profi zu sein, auf der Suche nach Empathie emotionale Arbeit einzubringen – die Empathie, sich vorzustellen, was jemand anderer gern hätte, woran er möglicherweise glaubt, welche Geschichte bei ihm Widerhall findet.

Wir tun diese Arbeit nicht, weil wir uns in dem Moment so fühlen. Wir tun diese Arbeit, diese aufzehrende emotionale Arbeit, weil wir Profis sind und weil wir etwas verändern wollen.

Emotionale Arbeit ist die Arbeit, die wir verrichten, um Service anzubieten.

Wer spricht da?

Wenn Sie eine E-Mail von einem gesichtslosen Unternehmen bekommen, in der in der zweiten Person gesprochen wird, dann versteckt sich jemand. Das ist raffiniert, aber nicht real. Wir fühlen keine Verbindung, lediglich den Schatten eines Bürokraten.

Wenn jedoch ein Mensch emotionale Arbeit aufwendet, um Verantwortung zu übernehmen – »Hier, das habe ich gemacht« – dann ist die Tür offen für Beziehung und Wachstum.

Die leistungsfähigsten Organisationen haben nicht immer einen berühmten Chef oder eine Unterschrift auf jeder E-Mail. Aber sie handeln, als wäre das der Fall.

»Hier, das habe ich gemacht.«

Ziel ist nicht, die Arbeit zu personalisieren, sondern sie persönlich zu machen.

KAPITEL SIEBEN

Der Stoff, aus dem Träume und Wünsche sind

Alles, was man Ihnen in der Schule und im Job über gute Arbeit beigebracht hat, drehte sich darum, Anforderungen zu erfüllen, Aufträge auszuführen, gute Noten zu bekommen, die spezifischen Aufgaben der jeweiligen Branche zu erfüllen.

»Was machen Sie« bezieht sich auf eine Aufgabe, eine messbare, käufliche Sache.

Betrachten Sie einmal folgende Stellenbeschreibung der US-Regierung:

> **NÄHMASCHINENBEDIENER; STUFE: 6**
> *Richtet ein und bedient eine Vielzahl von kraftbetätigten Nähmaschinen für gewerbliche Zwecke und den Hausgebrauch sowie damit in Zusammenhang stehende Maschinen zum Beispiel für Knopflöcher, Anheft- und Armabwärts-Nähmaschinen. ...*
>
> *Beurteilt und entscheidet innerhalb des Rahmens mündlicher oder schriftlicher Anweisungen und akzeptierter Methoden, Techniken und Verfahren selbstständig. Hantiert ständig mit Gegenständen bis zu 5 Kilogramm (10 Pfund) und gelegentlich Gegenständen bis zu 9 Kilogramm (20 Pfund). Arbeitet in Innenräumen in Bereichen, die für gewöhnlich hell, warm und belüftet sind. Ist der Gefahr von Schnitten und Prellungen ausgesetzt.*

Das ist zwar eine *Job*beschreibung, aber nicht die eines Traums oder Wunsches. Sie ist spezifisch, kann aber leicht verändert werden, ohne zu ändern, was sie übermittelt.

Genauso funktioniert auch Geld. Zwanzig-Euro-Scheine sind bedeutungslos. Wir arbeiten für das, was man mit ihnen kaufen kann.

Das Gleiche gilt für Ihr Produkt oder Ihre Dienstleistung. Sie mögen zwar sagen, dass Sie ein Dingsbums anbieten, aber glauben Sie das nicht. Wenn Sie Veränderung vermarkten, dann bieten Sie einen neuen emotionalen Zustand an, einen Schritt näher zu den Träumen und Wünschen Ihres Kunden, und kein Dingsbums.

Wir verkaufen Gefühle, Status und Verbindung, keine Aufgaben oder Zeug.

Was wollen die Menschen?

Wenn Sie sie fragen, werden Sie vermutlich nicht das finden, wonach Sie suchen. Sie werden sicher keine bahnbrechende Entdeckung machen. Es ist Ihre Aufgabe, Menschen zu beobachten, herauszufinden, wovon sie träumen, und dann eine Transaktion zu kreieren, die dieses Gefühl übermitteln kann.

Die Masse hat nicht das Model T erfunden, das Smartphone oder den Rap. Die Masse hat nicht JetBlue erfunden, City Bakery oder die Wohltätigkeit. Auch nicht das Wasser.

Crowdfunding ist das eine, aber die »Crowd« ist nicht so gut im Erfinden eines Durchbruchs.

Es gibt drei häufige Irrtümer, denen viele von uns aufsitzen.

Der erste ist, dass *Menschen Wünsche und Notwendigkeiten verwechseln*. Was wir unbedingt brauchen, ist Luft, Wasser, Gesundheit und ein Dach über dem Kopf. So ziemlich alles andere gehört zu den Wünschen. Und wenn wir privilegiert genug sind, entscheiden wir, dass diese anderen Dinge, die wir wollen, notwendig sind.

Der zweite Irrtum ist, dass sich Menschen ihrer Wünsche äußerst bewusst sind (die sie für Notwendigkeiten halten) aber *sie sind sehr schlecht darin, sich neue Wege zu überlegen, diese Wünsche in Angriff zu nehmen.* Häufig bevorzugen sie eine vertraute Lösung, um ihre Wünsche zu befriedigen, auch wenn es nicht sonderlich gut funktioniert. Wenn es an der Zeit ist, sich etwas Neues zu überlegen, bleiben sie stecken.

Der dritte Irrtum ist, *fälschlicherweise anzunehmen, dass alle dasselbe wollen.* Das tun wir nämlich nicht. Die Erstanwender wollen Dinge, die neu sind; die Nachzügler wollen Dinge, die sich nie ändern. Ein Teil der Bevölkerung will Schokolade, der andere Vanille.

Innovative Marketer finden neue Lösungen, die mit alten Gefühlen funktionieren

Obwohl die sieben Milliarden Menschen auf diesem Planeten alle einzigartig sind, jeder mit einer anderen Sammlung von Wünschen, Bedürfnissen, Leiden und Freuden, sind wir in vielerlei Hinsicht alle gleich. Wir teilen einen Korb voller Träume und Wünsche, alle in verschiedenen Ausmaßen, aber mit jeder Menge Überschneidungen.

Hier ist die Liste, die grundlegende Liste, ein gemeinsames Vokabular, aus dem jeder von uns auswählt, wenn er seine Träume und Ängste ausdrückt:

Abenteuer
Anspannung
Bestätigung
Bewegungsfreiheit
Freude
Freundschaft
Gehorsam
Gemeinschaft
Gesundheit
Gutes Aussehen
Körperliche Aktivität

Kontrolle
Kraft
Kreativität
Lernen neuer Dinge
Luxus
Meinungsfreiheit
Mitgefühl
Nostalgie
Rache
Respekt
Romantik

Seelenfrieden
Sex
Sicherheit
Stärke
Teilnahme
Vermeiden neuer Dinge
Zugehörigkeit
Zuneigung
Zuverlässigkeit

Sie können vermutlich noch zehn weitere ergänzen. Aber es ist unwahrscheinlich, dass Sie noch 50 weitere finden. Der zentrale Korb der Träume und Wünsche bedeutet, dass Marketer, wie Künstler, nicht viele Farben brauchen, um ein echtes Meisterwerk zu schaffen.

Und genau an der Stelle beginnen wir: mit Behauptungen. Behauptungen darüber, was unser Publikum, die Leute, die wir bedienen müssen, wollen und brauchen.

Behauptungen darüber, woran sie beim Aufwachen denken, worüber sie sprechen, wenn niemand lauscht, woran sie sich am Ende des Tages erinnern.

Und dann stellen wir Behauptungen darüber auf, wie unsere Geschichte und unser Versprechen mit diesen Wünschen und Träumen interagiert. Wenn uns jemand begegnet, wird er sehen, was wir sehen? Werden sie wollen, was wir denken, dass sie es wollen? Werden sie handeln?

Beginnen Sie nicht mit Ihren Maschinen, Ihrem Inventar, Ihren Taktiken. Beginnen Sie nicht mit dem, bei dem Sie wissen, wie man es macht oder irgendeine Art von Ablenkung von Ihrer Mission. Beginnen Sie stattdessen mit Träumen und Ängsten, mit emotionalen Zuständen und mit der Veränderung, die Ihre Kunden suchen.

Niemand braucht Ihr Produkt

Es ergibt keinen Sinn, zu sagen »Menschen brauchen eine weiße Lederbrieftasche«, weil:

1. Menschen brauchen keine Brieftasche. Sie *möchten* vielleicht eine, aber das ist etwas anderes.

2. Menschen entscheiden sich vielleicht dazu, dass sie eine weiße Lederbrieftasche wollen, aber sie wollen sie nicht, weil sie weiß ist oder aus Leder; sie wollen sie wegen des Gefühls, das sie ihnen verschafft. Das ist es, was sie kaufen: ein Gefühl, keine Brieftasche. Identifizieren Sie dieses Gefühl, bevor Sie Zeit damit verbringen, eine Brieftasche herzustellen.

Marketer sorgen für Veränderungen. Wir verändern den emotionalen Zustand von Menschen. Wir nehmen Menschen mit auf eine Reise; wir helfen ihnen, Schritt für Schritt, zu dem Menschen zu werden, von dem sie geträumt haben.

Niemand ruft gern einen Immobilienmakler an

Nicht wirklich. Obwohl der Makler das hofft, ist es nur selten eine freudige Interaktion.

Sie sind ängstlich.

Nervös.

Erleichtert.

Begierig, dass es losgeht.

Wollen unbedingt umziehen.

Sind angespannt wegen des Geldes.

Denken über gesteigerten oder verlorenen Status nach.

Sorgen sich wegen der Zukunft.

Machen sich Gedanken wegen der Kinder.

Der Makler ist eine Bremsschwelle auf dem Weg in ihre Zukunft. Und das meiste, was er oder sie sagt, ist nur Lärm, eine Beschönigung, weil sowieso alles dasselbe kostet.

Laut den Statistiken, die ich von der National Association of Realtors bekommen habe, engagieren mehr als 80 Prozent der Leute den Makler, der als Erster auf ihre Anrufe reagiert.

In Anbetracht dessen sollte sich ein Makler, der *verbessern will*, Folgendes fragen: Wie will ich in Erscheinung treten? Werde ich rückversichern und beruhigen? Werde ich nachbohren und recherchieren? Werde ich anbringen, dass ich besser, schneller, fürsorglicher bin?

Genauso wenig wie jemand einen Bohrer braucht, benötigt er auch einen Makler. Was er stattdessen braucht und will, ist das Gefühl, das zu bekommen, was der Makler verschaffen kann.

(Das Gleiche gilt für Kellner, Chauffeure und vielleicht auch für Sie ...)

Wie Immobilienmakler verrichten die meisten von uns ihre wichtigste Arbeit, wenn wir in Gefühlen handeln und nicht in Waren.

Wo ist der wütende Bär?

Wenn jemand nicht so reagiert, wie Sie es von ihm erwarten, müssen Sie nach seinen Ängsten suchen.

Es ist schwierig, von etwas zu träumen, wenn Sie fürchten, jeden Moment von einem Bären gefressen zu werden. Auch (oder insbesondere), wenn das nur in Ihrem Kopf passiert.

Was wollen Sie?

Lassen Sie mich raten. Sie möchten angesehen, erfolgreich, unabhängig, angemessen beschäftigt und vielleicht ein kleines bisschen berühmt sein. Sie möchten einer Arbeit nachgehen, auf die Sie stolz sind und die Sie für Menschen verrichten, die Ihnen wichtig sind.

Was steht nicht auf dieser Liste? Dass Sie einen Wagen in einer bestimmten Farbe besitzen müssen. Dass Sie Ihre Waren in Paketen verkaufen müssen, die 15 und nicht 17 Zentimeter breit sind. Dass Sie nur Kunden wollen, deren Vorname mindestens sechs Buchstaben lang ist.

Die Details spielen eigentlich keine Rolle. So wie Ihre Kunden eine Veränderung ihres emotionalen Zustands wollen, von Angst zu Zugehörigkeit wechseln, so wollen Sie das auch.

Das lässt viel Raum, viele Freiheitsgrade.

Es hilft, bestimmte Handelswahrheiten zu beachten. Wenn Sie unabhängig sein wollen, müssen Sie vermutlich Vermögen oder Ansehen besitzen. Wenn Sie wohlhabend sein wollen, müssen Sie vermutlich den richtigen Menschen genügend Wert liefern, damit diese Sie gern dafür bezahlen. Wenn Sie stolz auf Ihre Arbeit sein wollen, müssen Sie es vermutlich vermeiden, auf Ihrem Weg an einem Unterbietungswettlauf teilzunehmen und die Kultur zu verunglimpfen.

Innerhalb dieses Rahmens gibt es jedoch reichlich Platz. Platz für Sie, um tief zu graben und zu entscheiden, welche Veränderungen Sie herbeiführen möchten und wie (und wem) Sie dienen möchten.

Dies könnte ein guter Moment sein, um zur Übung mit den Vorteilen zurückzukehren, sie zu wiederholen und neue Achsen zu finden, neue Entdeckungen, neue Versprechen. Finden Sie die Menschen, denen zu dienen es wert ist, und finden Sie dann eine lohnenswerte Veränderung.

Ständig testen

Es ist verlockend, ein langweiliges Produkt oder eine langweilige Dienstleistung für jeden anzubieten.

Langweilig deshalb, weil langweilig über jeden Zweifel erhaben ist. Es erfüllt Anforderungen. Es erzeugt keine Spannungen.

Für jeden, denn wenn alle glücklich sind, dann ist niemand unglücklich.

Das Problem besteht darin, dass der Markt an Menschen, die mit Langweiligem glücklich sind, stillsteht. Diese Menschen suchen nicht nach Verbesserung.

Neu und langweilig kommen schwerlich gleichzeitig vor und deshalb werden die Menschen, die mit der Langeweile glücklich sind, nicht nach Ihnen suchen. Tatsächlich strengen sie sich an, Sie zu meiden.

Die sich ständig beschleunigenden Kreisläufe, die von uns verlangen, ständig zu testen, dem Erschaffen von Langeweile zu widerstehen, werden angetrieben von der Tatsache, dass die einzigen Menschen, denen wir dienen können, neugierig, unzufrieden oder gelangweilt sind. Alle anderen können sich ausklinken und weigern, Ihnen Beachtung zu schenken.

Die gute Nachricht ist, dass zwei außergewöhnliche Dinge passiert sind, extreme Verschiebungen in der Art und Weise, wie alles an alle verkauft wird:

1. Es ist preiswerter und schneller denn je, einen Prototypen oder eine limitierte Ausgabe zu entwickeln. Das trifft sowohl auf Non-profit-Organisationen wie auch auf Hersteller oder Dienstleister zu.

2. Es ist preiswerter und schneller denn je, Erstanwender zu finden, die Aufmerksamkeit von Menschen auf sich zu ziehen, die von Ihnen hören möchten.

Das bedeutet, dass es an jedem von uns ist, eine Behauptung aufzustellen, ein Versprechen zu umreißen. Suchen Sie Ihre Extreme, finden Sie die Menschen, die Sie verändern wollen und präsentieren Sie Ihr Angebot.

Wenn Sie wollen, bezeichnen Sie es als Test.

Aber es ist das echte Leben.

Das echte Leben, sich auf das Mögliche einzulassen und mit Menschen zu arbeiten, die etwas verändern wollen.

Ständig suchen, verbinden, lösen, bestätigen, glauben, sehen und ja, testen.

Die andere Lesart davon ist: *ständig falsch liegen.*

Naja, nicht immer. Manchmal werden Sie recht haben. Aber die meiste Zeit werden Sie sich irren. Das ist okay.

Scrapbooking

Von Grund auf falsch zu liegen ist erschöpfend. Radikale Originalität hat keine hohe Rendite und wird Sie auszehren.

Scrapbooking ist eine effiziente Alternative.

Wenn Sie eine Website entwerfen oder eine E-Mail-Kampagne oder ein neues Produkt, können Sie das mithilfe eines Scrapbooks [Sammelalbums] tun.

Finden Sie die Sachen, von denen Sie annehmen, dass diejenigen, deren Aufmerksamkeit Sie wollen, davon angezogen werden und ihnen vertrauen. Die Schriftarten, die Preisgestaltung, die Angebote, die Bilder, die Schnittstellen … und zerschneiden sie diese, brechen sie sie herunter in die ursprünglichen darin enthaltenen unteilbaren Gedankeneinheiten. Dann erschaffen Sie aus diesen Stücken etwas Neues.

Dasselbe können Sie beim Erstellen Ihrer Website, Ihres Podcats und neuen Projektes tun. Finden Sie die wesentlichen Leuchtfeuer (die Extreme), die Ihnen und Ihrem Publikum wichtig sind und verweben Sie diese zu etwas Neuem.

Wenn Sie zehn Mal so viel berechnen müssten

Was ist der Unterschied zwischen einer 30-Euro-Massage und einer für 300 Euro?

Wodurch kann ein Buch 200 Euro wert sein? Was kann jemanden dazu bringen, einer Wohltätigkeitsorganisation 500 Euro zu spenden statt 50?

»Weiter so!« ist die falsche Antwort.

Um die Anzahl Ihrer Zuhörer oder den Preis, den Sie berechnen, drastisch zu erhöhen, müssen Sie mehr tun, als einfach nur mehr Stunden zu arbeiten oder mehr Menschen zu unterbrechen, indem Sie Werbung einblenden.

Für mehr Wörter, eine größere Bestellung Pommes oder eine lautere Stereoanlage zahlen wir nicht zehn Mal so viel.

Es ist vielmehr ein anderes Extrem, eine andere Geschichte, eine andere Art von Knappheit.

Unwiderstehlich ist selten einfach oder rational

Draußen vor der Tür zu Fionas Geschäft steht oft eine Schlange.

Das ist nicht überraschend. Die Eiscreme ist köstlich, die Portionen sind riesig und eine Waffel kostet weniger als drei kanadische Dollar. Und sie wird mit einem Lächeln serviert.

Unwiderstehlich.

Und wenn Sie die Waffel aufgegessen haben, spazieren Sie natürlich ein bisschen umher, hängen am Wasser ab, machen vielleicht erste Pläne, wohin Sie im nächsten Jahr in die Ferien fahren möchten.

The Opinicon, ein hübsches kleines Hotel nahe Ottawa, könnte für eine Eiswaffel wesentlich mehr berechnen. Ein Team von MBAs, die eine Marktanalyse und einen Gewinn- und Verlust-Bericht erstellen, würde den Wert vermutlich auf 8 Dollar ansetzen. Dann wäre der Return on Investment auf seinem Höhepunkt.

Aber dieses Hotel ist nicht im Eiscremegeschäft tätig. *Die Eiswaffeln sind ein Symbol, ein Leuchtfeuer, eine Chance, sich einzulassen.*

Wenn Sie alles durch eine Tabellenkalkulation laufen lassen, haben Sie am Ende vielleicht einen rationalen Plan, aber der erzeugt weder Energie noch Magie oder Erinnerungen.

Stew Leonard's war ein kleiner Supermarkt mit starker Präsenz. Er wurde von Tom Peters porträtiert und verzeichnete die höchsten Umsätze pro Quadratmeter von Geschäften dieser Art. Stew's war eine Erfahrung, beinahe ein Vergnügungspark, mit bemerkenswertem Kundenservice, cleverer Vermarktung und einem interessanten Warenangebot. Als das Unternehmen auf mehrere Filialen anwuchs, übernahm eine neue Generation von Eigentümern, die mehr am kurzfristigen Profit interessiert schienen als an Magie. Für eine Weile stiegen die Profite. Aber nun sind die Geschäfte Jahr für Jahr weniger gut besucht, weniger dynamisch und weniger interessant. Wenn also in deren Nähe ein neues Geschäft öffnet, dann verlieren sie erst ein paar Kunden, dann ein paar mehr und schließlich fragen sich die Leute: »Wieso habe ich mir überhaupt die Mühe gemacht, hierherzukommen?«

Möglicherweise geht es nicht darum, preiswerter zu sein. »Besser« zu definieren ist knifflig. Aber zweifellos sind das Herz und die Seele eines florierenden Unternehmens das irrationale Bestreben, unwiderstehlich zu werden.

KAPITEL ACHT

Mehr über das Wer: Den kleinsten rentablen Markt finden

Der positive Kreislauf und Netzwerkeffekte

Jeder gute Kunde bringt Ihnen einen weiteren.

Sackgassenkunden lohnen nicht die Mühe. Stille Kunden, eifersüchtige Kunden, Menschen, die glauben, dass Sie als Geheimnis bewahrt werden müssen ... Sie können Ihre Arbeit nicht in einer Sackgasse wachsen lassen.

Ihre besten Kunden werden Ihre neuen Verkäufer.

Ihre Arbeit des Veränderns der Kultur gedeiht, wenn es sich herumspricht, und wenn Sie wollen, dass es sich herumspricht, dann müssen Sie etwas aufbauen, das besser funktioniert, wenn es sich herumspricht.

Das erzeugt den positiven Kreislauf, den Sie anstreben. Der Veränderungen ermöglicht.

Die Umsetzung macht es bemerkenswert

Das Faxgerät war bemerkenswert. Es verbreitete sich nicht wegen einer cleveren Werbekampagne, sondern weil sich die Nutzer entschieden, darüber zu sprechen.

Wieso?

Weil das Faxgerät besser funktioniert, wenn Ihre Kollegen auch eines haben.

Bob Metcalfe erlebte das unmittelbar, als er Ethernet erfand. Das ursprüngliche Angebot von 3Com erlaubte drei Nutzern, ihre

PCs zu verbinden und sich einen Drucker zu teilen. Ein geringfügiger Vorteil, kaum der Rede wert.

Aber sobald die Nutzer anfingen, Daten zu teilen, veränderte sich alles. Nun befanden sie sich in einem von zwei Zuständen: im Netzwerk oder außerhalb. Und wenn sie außerhalb waren, isoliert sozusagen, war das unangenehm. Je mehr Menschen sich dem Netzwerk anschlossen, desto mehr redeten darüber. Das machte die Isolation noch unangenehmer.

Die ursprüngliche Grafik zum Metcalfeschen Gesetz wies nur zwei Linien auf. Die gerade Linie zeigt, dass die Kosten pro hinzugefügter Person im Netzwerk nur langsam steigen. Die geschwungene Linie zeigt jedoch, dass der Wert des Hinzufügens einer Person zum Netzwerk exponentiell größer ist.

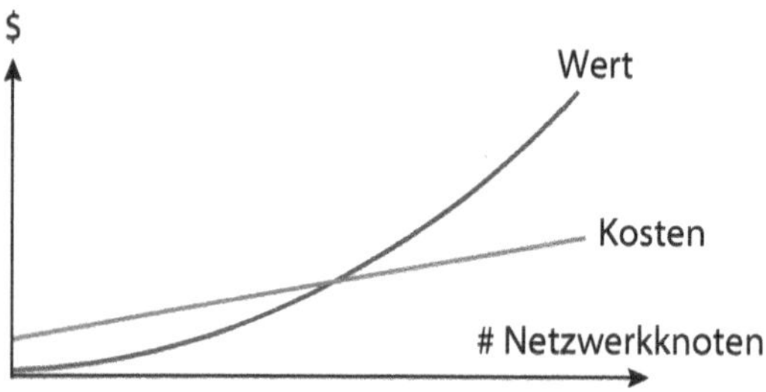

Dieser simple Netzwerkeffekt steht im Zentrum jeder Massenbewegung und jeder erfolgreichen Kulturveränderung. Er tritt ein, wenn Bemerkenswertes direkt in die Geschichte unserer Veränderung hineingestaltet wird, und noch wichtiger, wenn das Produkt oder die Dienstleistung besser funktioniert, sobald ich sie mit anderen nutze.

Der Austausch, den ich mit meinen Peers haben möchte, wird zum Motor des Wachstums. Wachstum erzeugt mehr Wert, was wiederum zu mehr Wachstum führt.

»Und dann passiert ein Wunder«

Die Wahrheit über Kundeninteresse ist: Es wird kein Wunder passieren.

Der Traum des Marketers alter Schule dreht sich darum, ein Produkt zu verwandeln, diese normale, durchschnittliche, »ganz gute« Ware oder Dienstleistung … die eine, die einfach da ist, ohne dass viel passiert. Sie in einen Hit verwandeln.

Mit Öffentlichkeitsarbeit, mit Reklame, mit Vertrieb, mit Anzeigenkäufen, mit Influencer-Marketing, Content-Marketing und einem kleinen bisschen Spam … wird davon geträumt, dass es zu einem »it«-Ding wird, das jeder haben will. Es wird populär sein, weil es populär ist.

Aber Sie lassen sich davon nicht täuschen.

Klar, oft genug wird ein Superstar geboren, aber die meiste Zeit führt diese Vorgehensweise zum Scheitern. Teurem Scheitern.

Die Alternative besteht darin, einen Weg zu suchen, kein Wunder.

Und dieser Weg beginnt mit Kundeninteresse.

Was ich über Ihr VC-unterstütztes Silicon Valley Start-up wissen möchte: Wie viele Menschen außerhalb der Zentrale nutzen es täglich? Wie oft schicken sie Ihnen Verbesserungsvorschläge?

Und noch etwas möchte ich wissen: Wie viele Menschen bestehen darauf, dass ihre Freunde und Kollegen es nutzen? *Jetzt gerade.*

Mögen sie es? Mögen sie sich mehr, weil sie Sie mögen?

Dieses Restaurant, das Sie gerade eröffnet haben: Wie viele Menschen kommen Abend für Abend wieder her, um hier zu essen, bringen jedes Mal neue Freunde mit?

Oder dieser Stand auf dem Bauernmarkt, oder das Nonprofit-Unternehmen, das Sie gründen, oder Ihr örtlicher Babysitter-Service.

Wem würde es fehlen, wenn es diesen/dieses nicht mehr gäbe?

Wenn Sie im Kleinen nicht erfolgreich sein können, warum glauben Sie dann, es im Großen zu schaffen?

Tausend wahre Fans

2008 verfasste Kevin Kelly, Gründungsredakteur von *Wired*, einen Essay, der die schlichte Wahrheit des kleinsten rentablen Marktes beschrieb.

Für den unabhängigen Schöpfer geistigen Eigentums (ein Sänger oder vielleicht ein Autor) stellt sich heraus, dass 1000 wahre Fans ausreichen, um ein mehr als bescheidenes Leben zu führen.

Um Kevin zu zitieren: »Ein wahrer Fan definiert sich dadurch, dass er alles kaufen wird, was Sie produzieren. Diese eingefleischten Fans würden 200 Meilen fahren, um Sie singen zu sehen; sie kaufen die gebundene Ausgabe und die Taschenbuchausgabe sowie Hörvarianten Ihres Buches; sie erwerben Ihre nächste Skulptur unbesehen, sie zahlen für die ›Best of‹ DVD-Version Ihres kostenlosen YouTube-Kanals; sie besetzen einmal im Monat den für sie reservierten Stammplatz in Ihrem Restaurant. Wenn Sie rund 1000 wahre Fans wie diese haben (auch als Superfans bekannt), können Sie davon leben – wenn Sie zufrieden damit sind, leben zu können, und nicht damit reich zu werden.«

Das sind etwa 1000 wahre Fans, die Sie auf Patreon unterstützen, oder 1000 Leute, die Ihr neues Produkt am Tag der Einführung auf Kickstarter kaufen werden. Es sind 1000 Leute, denen nicht nur Ihre Arbeit wichtig ist, sondern die es auch noch im Bekanntenkreis weitererzählen.

Für die meisten Menschen, die etwas bewirken wollen, besteht die größte Herausforderung nicht darin, den Massenmarkt von sich zu überzeugen. Es ist der Mikromarkt. Sie verbiegen sich zu einer Brezel, um den anonymen Massen zu gefallen, bevor sie 50 oder 100 Leute haben, die sie vermissen würden, wenn sie wieder verschwinden würden.

Es mag ja schmeichelhaft sein, davon zu träumen, ein Kardashian zu werden, aber es ist wesentlich produktiver, stattdessen einigen wenigen wichtig zu sein.

Aber was ist mit *Hamilton*?

Der Treffer, der die Theorie bestätigt. Der Treffer, der nicht nur für den Triumph eines Schöpfers über den Status quo steht, sondern die magische Erzählung eines einzelnen Stücks von Mühe und Kunst, das alles verändert.

Abgesehen davon.

Abgesehen davon, dass *Hamilton* über ein Jahr lang nur von wenigen Hundert Menschen pro Abend gesehen wurde.

Abgesehen davon, dass es sogar, als es bei voll ausgelasteten Produktionskapazitäten in New York lief und Rekorde am Broadway brach, nur von wenigen Tausend Menschen gesehen wurde.

Abgesehen davon, dass es sogar einen kleinen Teil der Kultur in Städten wie Chicago verändert hat, wurde es von weniger als 1 Prozent der amerikanischen Bevölkerung gesehen. Sein Bestseller-Soundtrack-Album wurde nur ein paar Hunderttausend Mal verkauft. Und vom Begleitbuch, überraschend ein Bestseller, wurden in etwa genauso viele Exemplare verkauft.

Unsere Hits sind keine Hits mehr, nicht so wie sie es einmal waren. Stattdessen sind sie für wenige bedeutungsvoll und für den Rest unsichtbar.

Was würde Jerry tun?

Ich erzähle oft die Geschichte von Grateful Dead und dennoch hat fast niemand den Mut, sich zu dieser Art von Dienstleistung zu verpflichten, die Beziehung über alles andere zu stellen. Zum ersten Mal schrieb ich vor zehn Jahren über sie und dennoch stolperten viele von uns in die Falle, zu suchen, was auch immer stattdessen in unserer Branche in die Top 40 kam.

Bisher habe ich 233 verschiedene Grateful-Dead-Alben gekauft, zusammen mehr als 500 Stunden Musik.

Die Dead sind ein nahezu perfektes Beispiel für die Kraft des Marketings für den kleinsten rentablen Markt. Es lohnt, ein paar

Minuten zu investieren, um zu dekonstruieren, was sie getan haben und wie sie es gemacht haben, denn das wird die lange, seltsame Reise inspirieren, auf der wir uns befinden.

Obwohl es ein gängiges Beispiel geworden ist, scheinen Musiker, Verleger, Sportstudioinhaber, Berater, Köche und Lehrer die zentrale Lektion bei der gescheiterten Jagd der Deads nach einem Hit zu vergessen.

Erstens wachsen nur wenige Kids mit dem Wunsch auf, eine Band wie Grateful Dead zu gründen. Die Dead hatten insgesamt einen Top 40 Billboard Hit. *Einen.*

Sie werden schnell als spleenige Hippieband abgetan. Sie haben Fans, wahre Fans, Fans, die schnell als spleenige Hippies abgetan werden.

Und dennoch ...

Und dennoch spielte Dead zu Jerry Garcias Lebzeiten mehr als 350 Millionen Dollar Umsatz ein und nach seinem Tod weitere 100 Millionen Dollar. Ich zähle nicht einmal die Plattenverkäufe, sondern nur Konzertkarten. Der Großteil davon wurde erzielt, als Konzertkarten im Schnitt nur 23 Dollar kosteten.

Wie? Weil die wahren Fans kamen. Weil die wahren Fans es weitererzählten. Und weil die wahren Fans nie ganz ihr Bedürfnis befriedigten, mit der Band verbunden zu sein.

Hier sind die Schlüsselelemente von Deads Marketingerfolg:

- Sie sprachen ein relativ kleines Publikum an und konzentrierten ihre gesamte Energie darauf.

- Sie nutzten nicht das Radio, um ihre Ideen an die Massen zu verbreiten. Stattdessen verließen sie sich auf die Mundpropaganda ihrer Fans, indem sie sie ermunterten, ihre Konzerte mitzuschneiden.

- Statt darauf zu hoffen, dass viele Menschen sie ein bisschen unterstützen würden, verließen sie sich auf eine kleine Zahl wahrer Fans, die sie sehr unterstützten.

- Sie wählten die Extreme der XY-Achsen (Livekonzerte versus hochglanzpolierte Platten, lange Jamsessions für die Fanfamilie versus kurze Hits fürs Radio) und machten sich beides zu eigen.

- Sie gaben den Fans jede Menge Gesprächsstoff und etwas, für das sie standen. Insidern wie Außenstehenden.

Um das zu erreichen, brauchten sie drei Dinge:

- Außergewöhnliches Talent. Du kannst dir nicht deinen Weg durch 146 Konzerte pro Jahr erpfuschen.

- Beträchtliche Geduld. 1972, das von manchen als ein Spitzenjahr für die Band angesehen wird, kamen zu einem typischen Auftritt nur 5000 Leute. Es dauerte mehr als ein Jahrzehnt, bis die Dead zu einem »Übernachterfolg« wurden.

- Der Mut, spleenig zu sein. Es kann nicht leicht gewesen sein, zuzusehen, wie die Zombies, die Doors und sogar die Turtles wesentlich mehr Platten verkauften. Für eine Weile jedenfalls.

Hartnäckigkeit, Großzügigkeit und Glück führten 1972 zu einem überraschenden Erfolg. Heutzutage kommt es zu so einem Erfolg in den meisten Branchen (einschließlich des Musikgeschäfts) nicht überraschend. Es liegt am besten Weg zum Erfolg und dem auf vielerlei Weise auch lohnendsten.

Taylor Swift ist nicht Ihr Vorbild

Denken Sie an Scott Borchetta, den Gründer des Plattenlabels Big Machine. Er hatte mehr als *200* Nummer-Eins-Singles. Beeindruckend. Ein Weltklasse-Marketer.

Für Taylor Swift hat er mehr als 30 Millionen Platten verkauft, und Swifts Tour brachte in etwa genauso viel ein wie die der Deads.

Taylor und Scott sind Hit-Maschinen.

Die meisten Märkte brauchen jemanden, der eine Hit-Maschine ist, und in der Musikbranche sind es momentan die beiden. Aber wie wir noch sehen werden, hat jeder Long Tail einen Short Head, den Bereich, in dem sich die Hits befinden. Hits erfüllen in unserer Kultur einen nützlichen Zweck, aber die wesentliche Lektion lautet: Jemandem werden diese Hits gelingen und Sie werden das wahrscheinlich nicht sein.

Falls Sie ein Drehbuch finden, wie man zur Hitmaschine wird, derjenige zu werden, der regelmäßig jene Massenbewegung hervorruft, die den Kern des Marktes verändert, dann schnappen Sie es sich!

Für den Rest von uns gibt es einen anderen Weg: den Weg der Beziehung, des Einfühlungsvermögens und der Veränderung.

Die Kritiker haben alle recht (alle Kritiker liegen falsch)

Der Kritiker, dem Ihre Arbeit nicht gefällt, hat recht. Er mag Ihre Arbeit nicht. Darüber kann man nicht streiten.

Der Kritiker, der sagt, dass niemand Ihre Arbeit mögen wird, irrt sich. Ihnen gefällt sie schließlich. Jemand anderem vielleicht auch.

Nur so kann man die Ein-Stern- und Fünf-Sterne-Bewertungen verstehen, die jeder Bestseller auf Amazon erhält. Wie kann ein und dasselbe Buch beides bekommen? Es ist entweder gut oder schlecht.

Falsch.

12 Prozent der 21.000 Rezensenten von *Harry Potter und der Stein der Weisen* gaben ihm einen oder zwei Sterne. Um sich das besser vorzustellen: von 100 Lesern sagten zwölf, dass es das schlechteste Buch sei, das sie je gelesen hätten.

Diese bimodale Verteilung lehrt uns, dass es mindestens 20 Leserkreise gibt, die sich bei jedem Bestseller gegenseitig beeinflussen.

Da ist das erhoffte Publikum, das ein Paket von Träumen und Überzeugungen und Wünschen hat, das sich perfekt in diese Arbeit eingliedert. Und da ist das zufällige Publikum, das mehr Befriedigung daraus zieht, die Arbeit nicht zu mögen und es anderen mitzuteilen.

Beide haben recht.

Aber keins von beiden ist wirklich hilfreich.

Wenn wir Feedback wollen, tun wir etwas Tapferes und Dummes. Wir bitten darum, widerlegt zu werden. Die Leute sollen sagen: »Du denkst, du hättest etwas Tolles geschaffen, hast du aber nicht.«

Autsch.

Und wenn wir stattdessen Rat wollen?

Dann fragen Sie in etwa so: »Ich habe etwas geschaffen, das mir gefällt, von dem ich annahm, dass es dir auch gefallen würde. Wie soll ich das machen? Was würdest du mir raten, damit ich es deiner Weltanschauung stärker annähern kann?«

Das ist keine Kritik. Auch kein Feedback. Diese Art hilfreicher Rat verrät viel über die Person, mit der Sie sich beschäftigen. Es hilft uns, seine oder ihre Ängste, Träume und Wünsche zu sehen. Es ist ein Hinweis darauf, wie wir nächstes Mal noch näher herankommen können.

Viele Menschen können Ihnen sagen, welche Gefühle Ihre Arbeit bei ihnen auslöst. Wir sind bestens vertraut mit dem Marketingrauschen in unseren eigenen Köpfen, und dieses wird oft als persönliche oder konkrete Kritik zum Ausdruck gebracht.

Aber möglicherweise geht es nicht um Sie und ist auch nicht hilfreich.

Vielleicht hören Sie von jemandes Ängsten oder seine Geschichte über Unzulänglichkeit oder Ungerechtigkeit.

Wenn Menschen ihre negativen Geschichten mitteilen, versuchen sie oft die Reaktion zu erweitern und zu verallgemeinern. Sie reden davon, wie sich »niemand« oder »alle« fühlen werden. Wovon Sie aber tatsächlich erfahren, ist der wunde Punkt, der in einem konkreten Moment von einem konkreten Stück Arbeit berührt wurde.

Das ist die Person, die einen Stern vergeben hat, weil das Buch zu spät angekommen ist für die Babyparty. Oder die Kundin, die sauer ist, weil sie für ihre Hochzeit mehr ausgegeben hat, als eingeplant war. Das ist etwas völlig anderes als der nützliche Rat, wie Sie in Zukunft mit solchen Leuten arbeiten sollen.

Es lohnt die Mühe, uns vor freimütigen emotionalen Angriffen zu schützen und stattdessen eine dauerhafte nützliche Richtung herauszukitzeln.

Warum suchen die Leute nicht Sie aus?

Hier ist noch eine schwierige Übung, eine, die die Empathiemuskeln eines typischen Marketers dehnt:

Die Menschen, die nicht bei Ihnen kaufen, die Ihre Anrufe nicht entgegennehmen, die über Ihre Innovationen spotten, die munter bei der Konkurrenz kaufen, auch wenn sie von Ihnen wissen … *diese* Menschen …

Warum haben die recht?

Warum haben die Menschen, die sich nicht für Sie entscheiden, recht damit?

Wenn Sie hart gearbeitet haben, ist es verlockend, deren Urteil zu verunglimpfen, deren Werte in Frage zu stellen und anzunehmen, dass diese Leute entweder schlecht informiert, egoistisch oder einfach verschroben sind.

Schieben Sie das mal für einen Moment beiseite und aktivieren Sie das Einfühlungsvermögen, diesen Satz zu vervollständigen: »Für Menschen, die das wollen, was Sie wollen (_______________) und glauben, was Sie glauben (_______________), ist Ihre Wahl des (___________) genau richtig.«

Weil es das ist.

Menschen treffen sehr wahrscheinlich absolut rationale Entscheidungen basierend auf dem, was sie sehen, was sie glauben und was sie wollen.

Wenn Sie ein Karrierecoach sind, dann erklären Sie, warum Menschen, die keinen Coach anheuern, eine kluge Entscheidung getroffen haben. Oder erklären Sie, warum Menschen, die sich für einen anderen Coach entscheiden, etwas tun, das für sie Sinn ergibt.

Vor Jahren nahm ich an einem Kochkurs teil, den mir ein Freund geschenkt hatte. Der Koch brachte allen bei, etwas mit Kalbshackfleisch zuzubereiten. „Irgendwelche Fragen?", fügte er hinzu. Einer der Teilnehmer besaß die Kühnheit, die Hand zu heben und zu fragen. »Ist es okay, dieses Gericht stattdessen mit Putenhackfleisch zuzubereiten?«

Mit starkem Akzent höhnte der Koch: »Das können Sie tun … wenn Sie wollen, das es wie *Mist* schmeckt.«

Natürlich hatten beide recht.

Für den Kursteilnehmer waren Verfügbarkeit, gesundheitlicher Nutzen oder moralische Gebote mit der Wahl von Putenfleisch verbunden, was bedeutete, dass ihm die Geschichte wichtiger war, als dass es dem Geschmacksprofil entsprach, das angeboten wurde. Der Koch, für den die Proustsche Erinnerung an dieses Gericht am wichtigsten war, empfand die Idee, Produkte auszutauschen, als Respektlosigkeit gegenüber der Mühe, die er in seine Arbeit steckte.

Genau das bedeutet »recht haben« in diesem Fall. Darauf basierend, wer sie sind und was sie wollen und was sie wissen, haben alle recht. Immer.

Wenn wir die Empathie aufbringen, zu sagen »Tut mir leid, das ist nichts für Sie, hier haben Sie die Telefonnummer meiner Konkurrenz«, dann finden wir auch die Freiheit, Arbeit zu tun, die wichtig ist.

KAPITEL NEUN
Menschen wie wir tun Dinge wie diese

Tief greifende Veränderung ist schwierig und lohnt sich

Wie wir gesehen haben, existiert jede Organisation, jedes Projekt, jede Interaktion, um eine Sache zu tun: etwas zu verändern.

Um etwas zu verkaufen, die Politik zu verändern, die Welt zu retten.

Als Marketer und Repräsentanten der Veränderung überschätzen wir beinahe unsere Fähigkeit, für Veränderungen zu sorgen. Der Grund dafür ist einfach.

Jeder handelt stets in Übereinstimmung mit seinen inneren Geschichten.

Sie können niemanden dazu bringen, etwas zu tun, das er nicht will, und die meiste Zeit wollen die Menschen etwas tun (oder nicht tun), das ihre inneren Geschichten bestärkt.

Die wahre Frage lautet also, woher kommt die innere Geschichte und wie wird *sie* verändert? Oder, noch wahrscheinlicher, wie nutzen wir die innere Geschichte, um das Handeln von Menschen zu verändern?

Manche Menschen haben eine innere Geschichte, die sie offen macht für Veränderungen ihres Verhaltens (zum Beispiel mag Quincy Jones viele Arten von Musik), während andere diesen Prozess mit starkem Widerstand beginnen.

Bei den meisten von uns wird die Verhaltensänderung jedoch angetrieben durch den *Wunsch, sich einzufügen* (Menschen wie wir tun Dinge wie diese) und *wie wir unseren Status wahrnehmen* (Zugehörigkeit und Dominanz). Da uns beide Kräfte oft dazu treiben, so zu bleiben, wie wir sind, bedarf es der Spannung, um diese zu verändern.

Sobald Sie diese Kräfte bei der Arbeit sehen, werden Sie in der Lage sein, die Kultur auf ganz neue Weise zu steuern. Als hätte jemand das Licht eingeschaltet und Ihnen eine Straßenkarte gegeben.

Menschen wie wir (tun Dinge wie diese)

Haben Sie schon mal Heuschrecken gegessen? Von den knusprigen käferartigen Gebilden mal ganz zu schweigen, aber wenigstens Heuschreckenmehl? In vielen Teilen der Welt sind Heuschrecken eine prima Eiweißquelle.

Was ist mit Rindfleisch? Obwohl dies eine der am leichtesten anzugehenden Ursachen der globalen Erwärmung ist, obwohl Rindfleisch ein absolut ineffizienter Weg ist, die Weltbevölkerung zu ernähren, kann man mit Sicherheit sagen, dass die meisten Menschen, die das hier lesen, irgendwann letzte Woche Rindfleisch zum Mittag- oder Abendessen hatten.

Wenn es nicht genetisch bedingt ist, wenn wir nicht mit einem vorbestimmten Gefühl bezüglich Heuschrecke versus Rindfleisch geboren wurden, wenn es keine eindeutig rationalen Gründe gibt, das eine oder das andere zu essen, warum winden wir uns dann beim Gedanken an Heuschrecken, während uns ein Steak hungrig macht (oder umgekehrt)?

Weil Menschen wie wir Dinge wie diese essen.

Für die meisten von uns, vom ersten Tag, an den wir uns zurückerinnern, bis zu unserem letzten Atemzug, wird unser Handeln vorrangig von einer Frage angetrieben: »Tun Menschen wie ich Dinge wie diese?«

Menschen wie ich schummeln nicht bei ihrer Steuererklärung.

Menschen wie ich besitzen ein Auto; wir nehmen nicht den Bus.

Menschen wie ich haben eine Vollzeitstelle.

Menschen wie ich wollen den neuen James-Bond-Film sehen.

Selbst wenn wir das Verhalten eines Außenseiters annehmen, wenn wir etwas tun, das die Masse nicht so oft tut, passen wir unser Verhalten immer noch an das von Außenseitern an.

Niemand ist in Unkenntnis und gleichgültig gegenüber dem, was um ihn herum passiert. Niemand ist wirklich originär, autonom und in jeder Hinsicht isoliert. Ein Soziopath mag Dinge tun, die im Gegensatz zur Allgemeinheit stehen, aber er ist nicht in Unkenntnis der Masse.

Wir können *die* Kultur nicht verändern, aber jeder von uns hat die Möglichkeit, eine Kultur zu verändern – unsere kleine Insel in der Welt.

Der kleinste rentable Markt ergibt Sinn, denn er maximiert unsere Chancen, die Kultur zu verändern. Den Kern unseres Marktes, angereichert und verbunden durch die Veränderung, die Sie anstreben, teilt organisch die Information mit der nächsten Schicht des Marktes. Und so weiter. Das sind *Menschen wie wir*.

Fallstudie: Die blauen Bänder

Meine Kleinstadt hatte ein Problem. Obwohl es herausragende Schulen gibt (unsere Grundschule hat den landesweiten Blue-Ribbon-School-Titel gewonnen), gab es eine Spaltung bezüglich der anstehenden Budgetabstimmung.

Viele im Ort, vor allem Alteingesessene und Familien in der zweiten oder dritten Generation, regten sich über die steigenden Schulgebühren auf. Einige von ihnen organisierten sich, und zum ersten Mal, soweit ich mich erinnere, scheiterte die Abstimmung zum Schulbudget.

Im Staat New York folgt darauf eine zweite Abstimmung, aber wenn diese ebenfalls ergebnislos bleibt, folgen drakonische Kürzungen, bei denen wesentliche Programme wegfallen, ohne dass sorgfältig Schwerpunkte gesetzt werden. Mit nur acht Tagen bis zur nächsten Abstimmung, was konnten wir tun?

Ein paar Aktivisten entschieden, eine neue Vorgehensweise auszuprobieren. Statt lautstark für das Budget zu argumentieren, Flyer zu verteilen oder eine Demo zu veranstalten, banden sie 100 blaue Bänder an einen großen Baum vor der weiterführenden Schule, mitten in der Stadt.

Innerhalb von Tagen verbreitete sich die Idee. In der Woche vor der Abstimmung waren Dutzende Bäume in der ganzen Stadt mit blauen Bändern geschmückt. Tausende blaue Bänder, aufgehängt von Dutzenden Familien.

Die Botschaft war einfach – Menschen wie wir, Menschen in unserer Stadt, Menschen in diesem Bezirk der blauen Bänder, unterstützen unsere Schulen.

Das Budget wurde mit zwei zu eins verabschiedet.

Die innere Geschichte

Wir treffen Entscheidungen nicht in einem Vakuum – stattdessen stützen wir sie auf unsere Wahrnehmung unserer Kohorte.[3] Wir kaufen also einen Kinderwagen für 700 Euro, weil wir clever sind (oder wir tun es nicht, weil es dumm ist).

Wir kaufen auf dem örtlichen Bauernmarkt (oder nicht, weil es regnet und sie keine Chips verkaufen).

Wir mobben die weibliche Fernsehreporterin vor dem Fußballstadion (und verlieren unseren Job), weil wir sehen, dass unsere Leute das so machen.

Oder wir tragen ein pinkfarbenes T-Shirt, gelbe Hosen und keine Socken, weil wir uns sagen, dass es so bequem ist (aber vor allem, weil wir uns so die erfolgreiche Version von uns selbst vorstellen).

Alles ist um die simple Frage herum konstruiert: »Tun Menschen wie ich Dinge wie diese?«

Normierung schafft Kultur und Kultur treibt unsere Entscheidungen an, was zu noch mehr Normierung führt.

---

[3] Eine Zielgruppe, die ein bestimmtes Merkmal gemein hat, Anm. d. Red.

Marketer machen keine durchschnittlichen Dinge für durchschnittliche Menschen. Marketer verändern. Und das tun sie durch das Normieren neuen Verhaltens.

Das »wir« definieren

In der vorhergehenden Ära arbeiteten die Massenmedien hart daran, »wir« als »wir alle« zu definieren, als die Masse, die Weltbevölkerung. So ganz hat das nie funktioniert, denn Rassisten und Fremdenhasser und Einsiedler zogen nur zu gern irgendwo die Grenze, um sich oder andere auszuschließen.

Es kam aber nah dran. »Ich möchte der Welt das Singen beibringen«, und die Kommerzialisierung der gesamten Welt passierten schneller und tief greifender, als die meisten Menschen erwarteten. Wir (fast) alle sahen Johnny Carson und wir (fast) alle trugen Jeans und gingen (fast) alle zur Schule. Das *alle* erstreckte sich zumindest so weit, wie wir zu sehen bereit waren.

Heutzutage ist die Populärkultur nicht mehr ganz so populär wie einst. *Mad Men,* das von der *New York Times* während nur einer Staffel in Dutzenden von Artikeln hochgelobt wurde, sah sich nur 1 Prozent der US-Bevölkerung regelmäßig an. Und das populäre Kulturphänomen des Cronut oder des frittierten Oreo auf dem Jahrmarkt – diese Phänomene erreichen, wenn Sie bereit sind, ein bisschen zu runden, im Grunde niemanden.

Wir sind übergegangen von »wir alle« bedeutet *jeder* zu »wir alle« bedeutet *niemand.*

Aber das ist in Ordnung, denn der Long Tail der Kultur und der Medien und Veränderung braucht nicht mehr jeden. Ihm reicht *genug.*

Welche »wir«?

Bei »Menschen wie wir tun Dinge wie diese«, ist das »wir« wichtig. Je spezifischer, desto enger die Bindung, je enger das »wir«, desto besser.

Was der Marketer, der Anführer und der Organisator als Erstes tun müssen, ist: das »wir« definieren.

Wenn Sie sagen: »Menschen wie wir spenden für wohltätige Zwecke wie diesen«, dann sagen Sie das eindeutig nicht zu jedem. Es wird nicht jeder etwas für Ihren wohltätigen Zweck spenden. Wer also?

Die richtige Antwort lautet *nicht*: »Die Menschen, die etwas geben, sind Menschen wie wir.« Das ist die falsche Richtung. Wir müssen mutiger sein, klarer, stärker bereit, die Initiative zu ergreifen, um unsere Märkte nicht nur zu erreichen, sondern sie zu verändern, unsere Erwartungen zu verändern und vor allem verändern, was die Menschen sich zu sagen entscheiden und einander zeigen.

Dasselbe Kalkül gilt für das interne Meeting, bei dem Sie Ihrer Firma eine neue Idee vorstellen, oder dem Business-to-Business-Anruf, den Sie machen, oder die Art und Weise, wie Sie hoffen, die Kultur des von Ihnen gecoachten Fußballteams zu verändern.

Beginnen Sie mit »wir«.

Es sollte nicht »die Kultur« genannt werden

Es sollte heißen »eine Kultur« oder »diese Kultur«, weil es keine universelle Kultur gibt, kein »wir«, das uns alle definiert.

Wenn wir zufrieden feststellen, dass unsere Arbeit darin besteht, »eine Kultur« zu verändern, dann können wir mit zwei Aspekten harter Arbeit beginnen:

1. Kartografieren und verstehen Sie die Weltanschauung der Kultur, die Sie verändern wollen.

2. Konzentrieren Sie Ihre gesamte Energie auf diese Gruppe. Ignorieren Sie alle anderen. Fokussieren Sie sich stattdessen auf das Entwickeln und Leben einer Geschichte, die bei der Kultur auf Resonanz stößt, die Sie verändern wollen.

So verändern wir – indem wir einfühlsam genug sind, eine Kultur verändern zu wollen, und indem wir mutig genug sind, lediglich eine auszuwählen.

Gerade genug Kunst

Der Unternehmer Alex Samuel weist darauf hin, dass JetBlue bei seiner Einführung lediglich hipper als American und Delta sein musste.

Aber als sechs Jahre später Virgin America eingeführt wurde, musste es noch hipper sein als JetBlue. Das ist eine andere Hürde. Schließlich hatte JetBlue hart daran gearbeitet, hip zu sein. Die Latte war angehoben worden.

Alles in unserer Kultur ist Teil einer Hierarchie zwischen gestern, heute und morgen. Wir können nicht den ganzen vor uns liegenden Weg mit Springen zurücklegen.

Die Fotografie arbeitet zum Beispiel so. Für den geschickten Fotografen ist es kein Problem, Fotos von gestern zu machen. Frühere Stile lassen sich leicht imitieren. Das ist einfach. Aber um derjenige zu sein, der die nächste Phase etabliert, bedarf es eines Sprungs. Ein Sprung in eine neue Art und Weise etwas zu tun, nur ein bisschen besser und ein bisschen unerwartet. Springen Sie jedoch zu weit, wird Ihnen die Gruppe nicht folgen.

Fallstudie: Homosexuellenehe in Irland

Ein Weg, das erste nationale Referendum über das Recht zur Ehe Gleichgeschlechtlicher durchzubekommen, besteht darin, Ihren

Fall darzulegen, sich auf Fairness, Respekt und die Grundrechte zu konzentrieren.

Diese rationale Vorgehensweise wird Sie jedoch nicht weit bringen.

Eine Alternative? Brighid White und ihr Mann, Paddy, beide fast 80, drehten ein Video über ihren Sohn und darüber, was es bedeutet, dieses Referendum zu unterstützen.

Menschen wie wir.

Manchen fällt es leicht, sich das Video anzusehen und sich wiederzuerkennen. Als Eltern. Als Traditionalisten. Als Iren.

Das Wesen politischer Veränderung ist nahezu immer kulturelle Veränderung und die Kultur verändert sich horizontal.

Mensch zu Mensch. Wir zu wir.

Elite und/oder exklusiv

Malcom Gladwell wies darauf hin, dass es einen Unterschied zwischen einer elitären Institution und einer exklusiven gibt.

Sie können nebeneinander existieren, aber oft tun sie das nicht.

Das Rhodes Scholarship-Stipendium ist eine elitäre Auszeichnung. Sie geht an wenige Menschen und wird von anderen elitären Individuen und Institutionen respektiert.

Elitär ist ein externes Maß. Respektiert die Welt, die Ihnen wichtig ist, dieses Kennzeichen?

Aber das Rhodes-Stipendium ist nicht exklusiv. Es ist keine Gruppe gut vernetzter Individuen mit eigener Kultur.

Exklusiv ist ein internes Maß. Es bedeutet, wir versus die anderen, Insider versus Outsider.

Die Hell's Angels sind keine Elite, aber sie sind exklusiv.

Die Harvard Business School ist sowohl elitär wie auch exklusiv. Ebenso wie die Navy Seals.

In unserem Bemühen, etwas Bedeutsames zu schaffen, kann man leicht durcheinander geraten. Es scheint, als müssten wir arbeiten, um unsere Organisation elitär zu machen, die *New York*

Times verkünden zu lassen, dass unsere Oper sehenswert ist, oder zu hoffen, dass den Schülern oder Studenten im letzten Jahr unsere Leistung auf dem Sportfeld gefällt.

Tatsächlich sind es jedoch die exklusiven Institutionen, die Dinge verändern. Über unseren elitären Status haben wir keine Kontrolle, er kann uns im Nu entzogen werden. Aber exklusive Organisationen gedeihen, so lange ihre Mitglieder dazugehören wollen, und diese Arbeit ist etwas, das wir kontrollieren können.

Im Herzen der exklusiven Organisation steckt eine einfache Wahrheit: Jedes Mitglied ist »Menschen wie wir«. Treten Sie bei und Sie gewinnen Ansehen. Gehen Sie weg und Sie verlieren es.

Um eine Kultur zu verändern, beginnen wir mit einer exklusiven Kohorte. Dort können wir die größte Spannung bieten und die nützlichsten Beziehungen herstellen.

Fallstudie: Robin Hood Foundation

2015 bekam die Robin Hood Foundation 101.000.000 Dollar zusammen.

In einer Nacht. Es war die erfolgreichste Einzelspendensammlung ihrer Art in der Geschichte.

Manche Menschen schauen auf dieses Ergebnis und schließen daraus, dass die Taktik (eine Gala) das Geheimnis ist. Ist es nicht. Es ist der außergewöhnliche Gruppendruck von *Menschen wie wir tun Dinge wie diese.*

Robin Hood ist eine New Yorker Wohltätigkeitsorganisation, größtenteils unterstützt von Spenden wohlhabender Hedgefonds- und Wall-Street-Investoren. Die Stiftung hat eine Generation lang Erwartungen bezüglich dieses Ereignisses aufgebaut, sorgfältig Mundpropaganda über die Großzügigkeit früher Anwender geschürt und der extrem wettbewerbsorientierten Egomanie der Wall Street in die Hände gespielt. Es gab zwar ein paar anonyme Spenden, aber der Großteil des gesammelten Geldes drehte sich um einen simplen Handel: Cash für Ansehen.

Spannung wird durch das Ereignis aufgebaut. Sie sind da, Ihre Peers sind da, Ihr Ehepartner ist da. Es findet eine Auktion statt. Es geht um einen guten Zweck. Mit einer einfachen Handlung können Sie Ihre Bekanntheit steigern, sich Respekt verdienen und den Wettbewerb dominieren. Wenn das zu Ihrer Weltanschauung passt und Sie glauben, es sich leisten zu können, dann wird Geld gesammelt.

Im Laufe der Jahre wurde diese Geschichte normiert. Es ist nicht extrem, nicht für dieses »wir«. Es ist vielmehr das, was wir tun.

Der Absichtscharakter dieses Prozesses wird leicht übersehen. Es passiert selten als unbeabsichtigter Nebeneffekt.

Stehende Ovationen

Wie viele Menschen sind nötig, um stehende Ovationen anzustoßen?

Bei TED genügen drei. Wenn Bill und Al und Sunny aufspringen, werden Tausende folgen.

Bei einer Broadway Show, wie schwach die Reaktion auch sein mag, genügen 15 Fremde, die überall im Theater verteilt sind.

Und im *Mezzrow*, dem wunderbaren Jazzclub, ist es vermutlich unmöglich.

Was also geht da vor sich?

Manchmal sind nur wenige Fremde in einem Publikum. Wir kennen und respektieren die um uns herum, und unser Vertrauen in diese Menschen, zusammen mit unseren tief empfundenen Bedürfnissen, uns einzufügen, verbinden sich zum Auslösen von stehenden Ovationen. Wenn ich einer von »wir« sein will und der Anführer steht, nun, dann erhebe ich mich auch.

Umgeben von Fremden gestaltet sich unser Bedürfnis des Einfügens jedoch ein bisschen anders. Im Broadwaytheater trage ich den Touristenhut und Touristen wie ich reagieren auf diese Weise. Der Veranstaltungsort birgt eine Tendenz.

Das Gegenteil trifft auf Hardcore-Jazzfans zu. Sie wissen, dass Jazzfans nicht stehend applaudieren, nicht in einem Klub, und die Tendenz des Ortes lässt sich nur schwer ändern.

Wurzeln und Triebe

Im Folgenden eine Analogie, um die bisher behandelten Ideen zu veranschaulichen:

Ihre Arbeit ist ein Baum. Die Wurzeln leben im Boden der Träume und Wünsche. Nicht *jedermanns* Träume und Wünsche, lediglich diejenigen, denen Sie dienen wollen.

Falls Ihre Arbeit lediglich eine Ware ist, die rasche Reaktion auf einen offensichtlichen Bedarf, dann reichen Ihre Wurzeln nicht besonders tief. Es ist unwahrscheinlich, dass Ihr Baum wachsen wird, und selbst wenn er es tut, wird er wohl kaum als wichtig, nützlich oder dominant angesehen. Er wird von all den ähnlichen Bäumen verdrängt.

Wenn Ihr Baum wächst, erzeugt er ein Leuchtfeuer für die Gemeinschaft. Die Erstanwender unter den Menschen, denen Sie dienen wollen, können sich auf den Baum einlassen, daran hochklettern, seinen Schatten nutzen und, schließlich, die Früchte essen. Und sie ziehen die anderen an.

Wenn Sie gut geplant haben, wird der Baum rasch in die Höhe wachsen, weil die Sonne nicht blockiert wird – in diesem Bereich stehen nur wenige andere Bäume. Während der Baum wächst, zieht er nicht nur andere Menschen an, sondern seine Höhe (als vorherrschende Wahl in der Gegend) blockiert die vergeblichen Bemühungen anderer, ähnlicher Bäume. Der Markt mag einen Gewinner.

Das braucht Geduld. Arbeit, die fürsorglichen Menschen wichtig ist, ist der kürzeste, direkteste Weg, um etwas zu bewirken.

KAPITEL ZEHN

Vertrauen und Spannung erzeugen Vorwärtsbewegung

Musterübereinstimmung/Musterunterbrechung

Sie werden das eine oder das andere tun.

Die Musterübereinstimmung ist Business as usual. Wenn Ihr Angebot zu der Geschichte passt, die wir uns erzählen, zu der Art, wie wir sie erzählen, dem Tempo, das wir gewohnt sind, den Kosten und Risiken ... ist es eine leichte Entscheidung, Sie zu der Mischung hinzuzufügen.

Denken Sie an die Familie mit kleinen Kindern und die endlose Parade von Frühstückszerealien. Choko Krispies führen zu Cini Minis, gefolgt von Crunchy Nut – was auch immer gerade im Handel ist oder eine coole Werbung hat (auf die ein Kind anspricht). Wenn Ihre neue Marke Frühstückzerealien auftaucht, ist das Kaufen eine Musterübereinstimmung. Klar, warum nicht?

Oder es könnte so einfach sein wie eine Sitcom Donnerstagabends um 21:00 Uhr. Millionen setzen sich jede Woche vor den Fernseher ... Sie versuchen nicht, deren Muster zu verändern; Sie bringen lediglich Ihr Angebot in den bereits bestehenden Mix ein.

Eine Musterunterbrechung erfordert dagegen irgendeine Art von Ruck. Spannung wird erzeugt und Energie in eine andere Richtung gelenkt, um diesen neuen Input in Betracht zu ziehen. Ist es etwas, das lohnt, in Erwägung gezogen zu werden? Die meiste Zeit lautet die Antwort eines Großteils derer, die Sie erreichen wollen, nein. Das liegt daran, dass die Muster etabliert sind, Zeit kostbar ist und das Risiko gescheut wird.

Wenn Sie von jemandem, der nie zuvor einen Gärtner engagiert hat, als Gärtner beauftragt werden wollen, dann bitten Sie um eine Musterunterbrechung. Wenn Sie versuchen, eine 5.000-Euro-Spende von einer wohlhabenden Person zu beschaffen, stehen Sie vor derselben Herausforderung. Das Muster muss aufgelöst werden, bevor Sie eine Vorwärtsbewegung erringen können.

Wenn das Leben dazwischenkommt, werden neue Muster etabliert. Deshalb ist es so rentabel, an frischgebackene Väter, verlobte Frauen und Menschen, die gerade umgezogen sind, zu vermarkten. Sie haben noch kein Muster, mit dem man übereinstimmen muss, deshalb ist *alles* eine Unterbrechung. Andererseits wurde dem Einkaufsleiter einer typischen Organisation beigebracht, dass das Übereinstimmen mit den Mustern der beste Weg ist, einen geregelten Job ohne große Überraschungen zu behalten.

Der beste Zeitpunkt zum Vermarkten einer neuen App ist dann, wenn die Plattform ganz neu ist.

Wenn Sie an jemanden vermarkten, der noch keine Muster hat, müssen Sie ihn nicht erst überzeugen, dass seine bisherige Wahl ein Fehler war.

Spannung kann Muster verändern

Wenn Sie eine Musterunterbrechung vermarkten wollen, müssen Sie die Art von Spannung liefern, die nur abgebaut werden kann durch die Bereitschaft, ein eingeschliffenes Muster zu verändern.

Spannung ist die Kraft an einem gedehnten Gummiband. Ziehen Sie an einem Ende und an jedem Punkt entsteht Spannung.

Warum zögern manche Menschen, im Unterricht eine Frage zu stellen, antworten jedoch gern, wenn der Lehrer sie aufruft?

Sich anzubieten stellt für diese Menschen ein Problem dar, denn es erfordert Handlungsfähigkeit und Verantwortung. Aber wenn der Lehrer konzentrierte soziale Spannung in Form von Aufrufen einsetzt, dann hat dieser Schüler kein Problem mit der Beantwortung der Frage. Die Spannung war ausreichend, um seine oder ihre Trägheit zu überwinden.

Wir erzeugen Spannung, wenn wir jemanden bitten, zum Kuchenverkauf etwas beizusteuern oder unserem Buchklub beizutreten. Wir nutzen eine Kraft (in diesem Fall soziales Engagement), um eine andere Kraft zu überwinden (den Status quo).

Lassen Sie uns zum Beispiel Slack nehmen, die schnell wachsende, für die Teamarbeit entwickelte Produktivitätssoftware. Nur wenige Menschen haben ein Muster, ihre eingefahrene Arbeitsweise zu ändern. Niemand wacht morgens auf und hofft, dass er sich in ein neues Softwareprogramm einarbeiten und wochenlang mit dem Aufwand herumschlagen muss, weil von einer bewährten Plattform zu einer anderen gewechselt wird.

Dennoch ist Slack das am schnellsten wachsende Produkt seiner Art. Warum?

Ganz einfach. Nachdem die Energie und Gewogenheit einiger Neophiler eingefangen wurde, rastete das Zahnrad ein. Slack zu nutzen ist besser, wenn Ihre Kollegen es ebenfalls nutzen. Vorhandene Nutzer haben also einen ganz egoistischen Grund, anderen davon zu erzählen, und tatsächlich ist jeder Tag, an dem sie es nicht tun, für sie mühsam.

Und was ist mit der Musterunterbrechung beim neuen Nutzer? Wo ist die Spannung?

Ganz einfach. Ein Kollege sagt: »Du verpasst was.«

Jeder Tag, den Sie nicht auf Slack sind, reden die Leute auf der Arbeit hinter Ihrem Rücken über Sie, arbeiten ohne Sie an Projekten, führen Gespräche, bei denen Sie ausgeschlossen sind.

Sie können diese Spannung lösen, auf der Stelle, indem Sie sich einfach anmelden …

Slack begann mit einer *Musterübereinstimmung*, indem es Menschen eine neue Software anbot, die neue Software mögen. Eine neue Art und Weise, ihre Arbeit zu verrichten, für Menschen, die genau danach suchen.

Aber dann kam der Sprung.

Slack gab dieser Gruppe das Werkzeug für eine *Musterunterbrechung*. Von Peer zu Peer. Ein Arbeiter sagt zu dem anderen: »Wir werden dieses neue Werkzeug ausprobieren.« Diese einzelne horizontale Übertragung schuf ein Multimilliarden-Dollar-Softwareunternehmen.

Das passiert nicht versehentlich. Es ist in die Software eingebaut.

Welches Muster werden Sie unterbrechen?

Was demontieren Sie?

Führen Sie ein neues Projekt ein und demontieren Sie gleichzeitig etwas anderes. Allein die Existenz einer Alternative bewirkt, dass etwas anderes nicht länger wahr ist.

Wenn Sie das zweite Hotel an den Niagarafällen eröffnen, ist das bisherige nicht mehr das einzige.

Wenn Sie das Telefon einführen, ist der Telegraf nicht mehr der schnellste Weg, um eine Nachricht zu übermitteln.

Wenn Sie eine exklusive Party ausrichten, werden die Menschen, die nicht eingeladen sind, zu Außenseitern.

Wenn Sie ein Extrem einführen (das effizienteste, preisgünstigste, komfortabelste) dann ist das, was Sie übertreffen, nicht länger das Extrem, das seine Fans aufgespürt haben.

Wenn ein Netzwerk anfängt, an Zugkraft zu gewinnen, die coolen Kids hereinholt, die starken Erstanwender, dann sorgt diese Zugkraft dafür, dass alle, die zum ersten Netzwerk gehörten, das Sie verdrängen, ihre Loyalität überdenken.

So fühlt sich Spannung an. Die Spannung, zurückgelassen zu werden.

Und Marketer, die für Veränderung sorgen, sorgen für Spannung.

Spannung ist nicht das Gleiche wie Angst

Wenn Sie das Gefühl haben, Menschen zu zwingen, zu manipulieren oder ihnen Angst zu machen, dann machen Sie es vermutlich falsch.

Spannung ist anders. Spannung ist etwas, das wir genau deshalb erzeugen können, weil uns die Menschen, denen wir dienen wollen, wichtig sind.

Angst tötet Träume. Sie versetzt Menschen in den Scheintod, sie halten die Luft an, sind paralysiert und unfähig, sich vorwärts zu bewegen.

Angst allein hilft Ihnen nicht, Veränderungen durchzuführen. Spannung dagegen vielleicht schon.

Jene Spannung, mit der wir jedes Mal konfrontiert sind, wenn wir im Begriff sind, eine Schwelle zu überqueren. Die Spannung von »das könnte funktionieren und das nicht«. Die Spannung von »Wenn ich das lerne, wird mir gefallen, zu wem ich dann werde?«

Es mag Angst vorhanden sein, aber Spannung ist das Versprechen, dass wir die Angst überwinden und auf die andere Seite gelangen können.

Spannung ist das Kennzeichen eines großartigen Bildungserlebnisses – die Spannung, nicht genau zu wissen, wo in dem Prozess wir uns befinden, nicht sicher zu sein bezüglich des Lehrplans, keine Garantie zu haben, die Erkenntnis, nach der wir suchen, auch zu erlangen.

Wirksame Bildung erzeugt Spannung, denn kurz bevor Sie etwas lernen, wird Ihnen klar, dass Sie es (noch) nicht wissen.

Als Erwachsene setzen wir uns gern der Spannung eines tollen Jazzkonzerts aus, oder eines Baseballspiels oder eines spannenden Films. Aber, vor allem weil wir von Angst indoktriniert sind, zögern wir, wenn sich die Gelegenheit ergibt, etwas Neues zu lernen auf unserem Weg, zu der Person zu werden, die wir sein möchten.

Angst wird uns paralysieren, wenn uns nicht beigebracht wurde, dass Vorwärtsbewegung möglich ist. Sobald wir einen Ausweg sehen, kann Spannung das Werkzeug sein, das uns antreibt.

Erfolgreiche Marketer haben den Mut, Spannung zu erzeugen. Manche suchen aktiv nach dieser Spannung, weil es funktioniert. Es schiebt diejenigen, denen Sie dienen wollen, über die Schlucht auf die andere Seite.

Wenn Ihnen die Veränderung, die Sie bewirken wollen, wichtig genug ist, werden Sie sich hinreichend kümmern, um umfassend und respektvoll Spannung im Namen dieser Veränderung zu erzeugen.

Marketer erzeugen Spannung, und Vorwärtsbewegung löst diese Spannung

Die Logik des Räumungsverkaufs ist trügerisch. Denn wenn das Geschäft irgendetwas getaugt hat, würde es nicht schließen. Und falls ein Kunde auf Unterstützung hofft, eine Garantie oder die Chance auf eine Rückgabe, ist es nicht sonderlich klug, in einem Geschäft etwas zu kaufen, das bald verschwunden sein wird.

Und dennoch können die Menschen einem Angebot nicht widerstehen.

Das liegt an der durch Knappheit hervorgerufenen Spannung beim Räumungsverkauf. Die Spannung von »Welche Angebote habe ich verpasst?« Der beste Weg, diese Spannung zu lösen, besteht darin, das Geschäft aufzusuchen und sich genauer anzusehen.

Natürlich ist die Angst, einen Konkurs zu verpassen, nicht die einzige Spannung, die uns antreibt.

Hier ist eine neue Social-App. Wenn du früh einsteigst, findest du mehr Freunde und bist besser synchronisiert als die Leute, die erst später dazukommen. Also besser nicht ins Hintertreffen geraten.

Die Rechnungen verarbeiten wir hier wie folgt: Ich weiß, dass du mit dem ursprünglichen System vertraut bist, aber unsere Organisation verwendet das neue und bis Donnerstag musst du es beherrschen.

Die letzten drei Häuser, die in unserem Block verkauft wurden, gingen für weniger als erwartet weg. Wenn wir nicht bald verkaufen, werden wir nie in der Lage sein, unsere Hypothek zu bezahlen.

Supreme stellt nur 250 von diesen Sneakern her. Ich hole mir ein Paar – kommst du mit?

Wenn du herausfinden möchtest, wie die Serie endet, musst du Sonntag einschalten.

Wir möchten uns nicht ausgeschlossen, zurückgelassen, uninformiert oder machtlos fühlen. Wir wollen vorankommen. Wir wollen synchronisiert sein. Wir wollen das tun, was Menschen wie wir tun.

Keines dieser Gefühle existierte, bevor ein Marketer mit etwas auftauchte, das sie hervorrief – wenn es kein neues Album gäbe, hätten Sie auch nicht das Gefühl, ausgeschlossen zu sein, wenn Sie es noch nicht besitzen.

Wir erschaffen diese Gräben bewusst, diese kleinen Schluchten der Spannung, über die die Menschen dann springen.

Und der Grund ist Ansehen.

Wo stehen wir?

Was denkt der Tribe von uns?

Wer ist oben und wer ist unten?

Sind Sie bereit, Spannung zu erzeugen?

Das ist keine rhetorische Frage.

Es gibt zwei Wege, um Ihre Arbeit zu verrichten.

Sie können Taxifahrer sein. Auftauchen und jemanden fragen, wohin er möchte. Ihm auf Grundlage des Taxameters die Fahrt berechnen. Ein ersetzbares Rädchen in einem On-demand-Transportsystem sein. Sie können ein härter arbeitender Taxifahrer sein, aber es wird nicht viel ändern.

Oder Sie können ein Repräsentant der Veränderung sein, jemand, der Spannung erzeugt und dann löst.

Als sie anfingen, in Las Vegas schicke Casinos zu bauen, erzeugte das für zahllose Reisende Spannung. Besucher, die sich noch ein Jahr zuvor in Reno oder dem Stadtzentrum von Las Vegas wohl gefühlt hatten, kamen sich nun vor wie Bürger zweiter Klasse. Sie fragten: »Bin ich die Art Mensch, die in ein so abgewirtschaftetes Casino geht?« Allein die Existenz einer schickeren Alternative degradierte ihre Erfahrung mit dem vormaligen Favoriten.

Spannung wird erzeugt. Und der einzige Weg, die Spannung zu lösen, ist die Vorwärtsbewegung.

Wenn Sie mit Ihrer Geschichte am Schauplatz eintreffen, mit der Lösung, die Sie im Kopf haben, erzeugen Sie dann auch Spannung? Falls nicht, ist der Status quo wohl kaum überlebensfähig.

Wie es zu diesem Status quo gekommen ist

Die dominante Geschichte, der Marktführer, die Richtlinien und Verfahren, die den Tag beherrschen – sie alle existieren aus einem Grund.

Sie sind gut darin, Bemühungen von Rebellen wie Ihnen zu widerstehen.

Wenn zum Umkippen des Status quo nicht mehr nötig wäre als die Wahrheit, hätten wir ihn schon vor langer Zeit verändert.

Wenn wir lediglich auf eine bessere Idee warten würden, eine einfachere Lösung oder ein effizienteres Verfahren, dann hätten wir uns schon vor einem Jahr, einem Jahrzehnt oder einem Jahrhundert vom Status quo wegbewegt.

Der Status quo verändert sich nicht, weil Sie recht haben. Er verändert sich, weil sich die Kultur verändert.

Und der Motor der Kultur ist Status.

KAPITEL ELF

Status, Dominanz und Zugehörigkeit

Baxter hasst Truman

Baxter ist mein Hund. Er ist eine Promenadenmischung, ein geselliger, glücklicher, ausdrucksstarker Hund, der es schafft, mit so ziemlich jedem Menschen und Hund klarzukommen, dem er begegnet.

Außer mit Truman.

Truman ist der majestätische, selbstbewusste Deutsche Schäferhund, der kürzlich auf der anderen Straßenseite eingezogen ist. Truman hat eine liebevolle Familie, die ihn mehrmals täglich Gassi führt, und er treibt Baxter in den Wahnsinn.

Als uns Trumans wunderbare Familie zum Abendessen besuchte, brachten sie ihn mit. Baxter ist ausgerastet. Er konnte nicht an sich halten.

Was ist da los?

Denken Sie einmal an die Pinguine auf den Galapagosinseln. Sie verbringen täglich zwei Stunden mit Fischfang und die übrige Zeit damit, ihre Rangordnung zu organisieren. Es gibt jede Menge Körperkontakt, Anstoßen, soziale Positionierung.

Und das ist natürlich nicht nur bei meinem Hund und den Pinguinen so.

Sondern auch bei uns.

Es ist nicht irrational; Status macht es zur richtigen Wahl

Warum bevorzugen Menschen das eine Restaurant gegenüber anderen? Eine Universität? Warum fahren sie dieses Auto und nicht jenes?

Warum ein Haus mieten statt kaufen? Welchem Verein gehörst du an?

Wenn Sie sich Entscheidungen genauer ansehen, die auf den ersten Blick wenig Sinn ergeben, erkennen Sie vermutlich, dass Statusrollen am Werk sind. Die Entscheidung ergibt für Sie keinen Sinn, für die Person, die sie getroffen hat, ergibt sie jedoch absolut Sinn.

Wir verbringen viel Zeit damit, dem Status Aufmerksamkeit zu schenken.

Statusrollen: Der Pate und der Bestatter

In seinem brillanten Buch *Improvisation und Theater* hilft uns Keith Johnstone Statusrollen zu verstehen, die verborgenen (aber offensichtlichen) Triebkräfte aller Elemente der Kultur.

Im Rudel gibt es stets einen Alphahund. Und jeder Wurf hat einen Kleinsten und Schwächsten.

Statusrollen bestimmen, wer im Löwenrudel zuerst fressen darf und wer am Wasserloch als Erster trinken darf.

In der menschlichen Kultur gibt es überall dort Statusrollen, wo mehr als ein Mensch anwesend ist. Sie existieren bei romantischen Verabredungen (wer übernimmt die Rechnung) und in der Vorstandsetage (wer kommt zuerst rein, wer sitzt wo, wer redet, wer entscheidet, wer ist verantwortlich).

Mein Lieblingsbeispiel, das das Wesen von Johnstones Aussage einfängt, findet sich leicht, wenn Sie auf YouTube gehen und nach der Eröffnungsszene von *Der Pate* suchen.

In dieser Szene besucht der Bestatter Amerigo Bonasera, ein erschöpfter, müder, kleiner Mann in einem unscheinbaren schwarzen Anzug, den Paten am Tag der Hochzeit von dessen Tochter.

In wenigen Sekunden ist die Bühne bereitet.

Der aus der Unterschicht stammende Bonasera (könnte sein sozialer Status noch niedriger sein?) besucht den bedeutenden

Don Corleone, ein Mann, der sein Leben damit verbracht hat, dafür zu sorgen, dass er ganz oben auf dem Statusberg steht.

An diesem Hochzeitstag verlangt jedoch die Tradition, dass er jeden Gefallen tun muss, um den er gebeten wird.

Innerhalb weniger Filmminuten ist das Universum auf den Kopf gestellt.

Bonasera bittet Don Corleone, jene Männer zu ermorden, die seine Tochter brutal zusammengeschlagen haben. Familienbande bringen ihn dazu, ein hohes Risiko einzugehen, seinen Status auf Kosten des Paten anzuheben. Er macht die Situation noch schlimmer, indem er anbietet, Corleone zu bezahlen, und einen Patriarchen damit in einen Gangster verwandelt.

Oh, die Spannung.

In dem Moment schwebt der Bestatter in Lebensgefahr. Er ist zu weit gegangen. Elterlicher Stolz hat ihn in eine Zone gedrängt, in der der Pate unmöglich agieren kann. Der Pate kann unmöglich diesen Gefallen tun und gleichzeitig seinen Status aufrechterhalten, und Status ist sein Lebenselixier.

Durch ein paar geschickte Schachzüge wird die normale Ordnung in wenigen Sekunden wieder hergestellt und die Szene endet damit, dass sich der Bestatter vor Don Corleone verbeugt, ihm den Ring küsst und ihn bittet, sein Pate zu sein.

Bonasera löst die Spannung, indem er an seinen Platz in der Statushierarchie zurückkehrt.

Status führt uns

Status ist unsere Position in der Hierarchie.

Er ist zudem unsere Wahrnehmung dieser Position.

Status schützt uns.

Status hilft uns, das zu bekommen, was wir wollen.

Status gibt uns den Einfluss, Dinge zu verändern.

Status ist etwas, wohinter man sich verstecken kann.

Status kann ein Geschenk oder eine Bürde sein.

Status erzeugt eine Geschichte, die unsere wahrgenommenen Möglichkeiten verändert, unsere Wahl verändert und unsere Zukunft untergräbt (oder unterstützt).

Und der Wunsch, unseren Status zu verändern, oder ihn zu schützen, treibt nahezu alle unsere Handlungen an.

Fallstudie: Löwen und Massaikrieger

Wie retten wir die Löwen in Kenia und Tansania?

Die Naturschutzbiologin Leela Hazzah sah, wie Eingriffe in deren Lebensraum das Überleben für die Löwen schwieriger machte. Sie wusste jedoch auch vom Tapferkeitsritual der Massai, bei dem junge Männer einen Löwen mit einem Speer töten müssen. Dieser Beweis der Tapferkeit stellte eine beträchtliche Bedrohung für die Population der Löwen dar. Es gibt schätzungsweise nur 30.000 Löwen in der Region, während es vor einer oder zwei Generationen noch 200.000 waren.

Alle rationalen Argumente dieser Welt sind nicht stark genug, um tief verwurzelte kulturelle Überzeugungen zu verändern, nicht einmal in dieser Gemeinschaft. Das Bedürfnis nach Status (als Eltern, als junger Erwachsener) steckt in uns allen. Stattdessen arbeiteten Dr. Hazzah und ihr Team daran, neue kulturelle Überzeugungen zu schaffen, basierend auf den grundlegenden menschlichen Wünschen.

Wie wir durch den Sechs-Millimeter-Bohrer gelernt haben, ist die Handlung nicht immer offensichtlich verbunden mit dem angestrebten Gefühl. Im Fall der Massai besteht das kulturelle Ziel darin, die Gemeinschaft zusammenzuhalten, Gefühle von Ermächtigung und Möglichkeiten zu erzeugen, Mut und Geduld einzuschärfen und einen bedeutsamen Initiationsritus zu haben. Den Status eines Jungen anzuheben, wenn er zum Mann wird.

Keines dieser Ziele steht im direkten Zusammenhang mit dem Töten eines Löwen. Das ist lediglich ein historisches Artefakt.

Bei ihrer Arbeit mit den Massai und deren kulturellen Systemen führten Dr. Hazzah und ihr Team einen neuen Initiationsritus ein und bauten kulturelle Einflüsse um diesen herum auf. Statt Mut und Geduld durch das Töten eines Löwen zu demonstrieren, zeigen die jungen Mitglieder dieser Kultur diese Fähigkeiten jetzt dadurch, dass sie einen Löwen retten.

In ihren Worten: »Artenschutz hat sich herkömmlich immer auf die Tierwelt fokussiert, nicht auf die Menschen. Bei Lion Guardians gehen wir es genau andersherum an. Seit fast einem Jahrzehnt arbeiten wir mit örtlichen Gemeinden, um Löwen zu beschützen und verbessern … den Erhalt von Gemeinschaften durch das Vermischen traditionellen Wissens und Kultur mit Wissenschaft.«

Nun suchen die Massai Löwen, geben ihnen Namen, verfolgen ihre Routen und nutzen Fernmesstechnik, um sie zu zählen. Einen Löwen zu beschützen ist ebenso zu einem Initiationsritual geworden wie es einst das Töten eines Tieres war.

Die Statusdynamik ist ständig aktiv

Einmal gesehen, kann es nicht mehr ignoriert werden. Angenommen ein Polizist hält einen Motorradfahrer an, der ein Stoppschild nicht beachtet hat. Wer hat in dieser Situation Status?

Derselbe Motorradfahrer fährt zu seinem Büro, wo er dem Mann am Empfang Befehle zubrüllt. Status?

Ein Zusammenprall von Statusrollen.

Die Rollen, die wir in der Schule bereitwillig annehmen – der Klassenclown, der große Macker auf dem Schulhof, der Einserschüler – sind Statusrollen. Und erinnern Sie sich, wie sehr wir diese Rollen verteidigt haben, selbst wenn wir die Chance hatten, sie zu ändern.

Wenn der Marketer mit seiner neuen Idee auftaucht, seiner Möglichkeit, dem Angebot, Veränderungen zu erwirken – so ist das jedes Mal eine Herausforderung unseres Status. Wir haben die

Wahl, zu akzeptieren (und auf- oder abzusteigen, je nach der Geschichte, die wir uns selbst erzählen) oder das Angebot abzulehnen und mit der Spannung zu leben, einfach wegzugehen.

Es ist ein Fehler, zu glauben, dass jeder einen höheren Status anstrebt. Tatsächlich tun das nur wenige. Genauso falsch ist die Annahme, dass niemand seinen Status senken möchte. Wenn Sie darauf konditioniert wurden, sich in einer bestimmten Statusrolle zu sehen, kämpfen Sie vielleicht, diese zu behalten oder Ihren Status gar zu senken.

Der kluge Marketer erkennt, dass manche Menschen offen und hungrig auf eine Statusverschiebung sind (hoch oder runter), während andere wie verrückt kämpfen werden, ihre Rollen zu erhalten.

Status ist nicht das Gleiche wie Reichtum

In manchen Kreisen hat ein Kolumnist, der den Pulitzer-Preis gewonnen hat, wesentlich mehr Ansehen als ich. Ein Arzt, der die Leitung eines angesehenen Krankenhauses innehat, verfügt möglicherweise über mehr Ansehen als ein reicher plastischer Chirurg. Und der mittellose Yohi in einem kleinen Dorf in Indien hat mehr Ansehen als der reichste Mann in der Stadt, jedenfalls bei einigen seiner Mitmenschen.

In den vergangenen Jahrzehnten sind wir fauler geworden in unserer Abstufung beim Belohnen von Status, bevorzugen ihn als gekoppelt an das Guthaben auf dem Bankkonto oder der Zahl der Online-Follower. Aber Status nimmt weiterhin viele Formen an.

Sechs Dinge über Status

1. *Status ist stets relativ.* Im Gegensatz zu Sehkraft oder Stärke oder Ihrem Kontostand spielt es keine Rolle, wo Sie sich auf der absoluten Skala befinden. Stattdessen geht es um die

Wahrnehmung von Status in Relation zu anderen in der Gruppe. 6 ist größer als 4, aber kleiner als 11. Es gibt keine größte Zahl.

2. *Status liegt im Auge des Betrachters.* Wenn andere Ihren Status als niedrig ansehen, Sie in Ihrer Erzählung jedoch von hohem Status sprechen, dann ist beides wahr, zu verschiedenen Zeiten, für unterschiedliche Menschen.

3. *Beachteter Status ist der Status, der eine Rolle spielt.* Status ist am relevantesten, wenn wir versuchen, ihn aufrechtzuerhalten oder zu verändern. Für viele Menschen ist Status bei jeder Interaktion zuoberst in unseren Köpfen. Er spielt jedoch nur eine Rolle, wenn der Person, mit der wir uns beschäftigen, Status wichtig ist.

4. *Status birgt Trägheit.* Wir arbeiten sehr viel wahrscheinlicher daran, unseres Status zu erhalten (hoch oder niedrig), als daran, ihn zu verändern.

5. *Status ist erlernt.* Unsere Überzeugungen bezüglich Status beginnen früh. Und dennoch kann die Kohorte, mit der wir zusammen sind, unsere Wahrnehmung unseres Status in sehr kurzer Zeit beeinflussen.

6. *Scham* ist ein Statuskiller. Der Grund, warum Scham als Druckmittel eingesetzt wird, ist einfach: Es funktioniert. Wenn wir die Scham, die jemand in unsere Richtung schickt, akzeptieren, so untergräbt das unsere gesamte Geschichte über relativen Status.

Wir passen unseren Status ständig an, spielen basierend auf der Situation intuitiv damit. Und wenn Sie Ihre Arbeit auf den Markt bringen, wird nichts mehr in Betracht gezogen als Statusrollen.

Frank Sinatra hatte mehr als eine Erkältung

Frank Sinatra lebte zwei Leben, die miteinander in starkem Konflikt standen. Wie von Gay Talese berichtet, sah ihn die Außenwelt wie einen Gipfel, die Verkörperung von Weltgewandtheit und Niveau. Er war ein ganz großer Netzwerker, ein ernster Mann, der große und einzige.

Aber wenn Frank in den Spiegel schaute, sah er einen mageren Jungen der Unterschicht, wenig geachtet, kaum das festhaltend, was er besaß. Er umgab sich mit Ja-Sagern und Speichelleckern, schaffte es aber immer noch, selbstzerstörerische Wutausbrüche und ein miserables Leben zu haben, das seinen Ruhm, sein Glück und seine Gesundheit Lügen strafte.

Wenn wir Status in unser Marketing bringen, begeben wir uns auf sehr dünnes Eis. Wir wissen nicht, ob die Person, mit der wir uns einlassen, so wirkt, als habe sie einen hohen Status (und es selbst nicht glaubt) oder es tatsächlich glaubt und ihr Ansehen steigern möchte.

Aber haben wir eine Wahl? Jede große Entscheidung basiert auf unseren Wahrnehmungen von Status.

Status sehen lernen

Die Idee von Status ist nicht ganz so simpel, wie es scheint. Berücksichtigen Sie bei jenen, denen Sie dienen wollen, sowohl den externen Status (wie sie von der von ihnen gewählten Gemeinschaft gesehen werden) wie auch den internen Status (wen sie sehen, wenn sie in den Spiegel schauen).

Als Nächstes müssen Sie durcharbeiten, wie diese Menschen ihren Status aufrechterhalten oder ihn zu ändern versuchen. Machen sie andere schlecht? Suchen sie Anerkennung? Helfen sie auf selbstlose Weise? Treiben sie sich an, um mehr zu erreichen? Welche Art von Gewinnen und Verlusten halten sie nach? Betrachten Sie die folgenden zwei XY-Koordinatensysteme.

Menschen im oberen rechten Quadranten (a) sind wirklich selten. Dieser Bereich gehört zu Menschen, die als stark angesehen werden und sich selbst für fähig halten, Dinge zu handhaben. Ich würde Oprah Winfrey in diese Kategorie einordnen. Sie ist eine Person, die in der Lage ist, auszuwählen und nicht darauf wartet, ausgewählt zu werden.

Der obere linke Quadrant (d) ist häufiger, da Menschen, die einen hohen Status erreichen, oft unter Selbstzweifeln leiden. Das kann sie in Diven verwandeln. Die besten Geschichten über Frank Sinatra sind die über die Gegenüberstellung seines wahrgenommenen königlichen Status und seinem Bedürfnis nach Bestätigung. Hier zeigt sich das Impostor-Syndrom[4].

Der Quadrant unten rechts (b) ist für Menschen, die sich selbst als deutlich besser einschätzen, als es der Rest der Welt tut. Hier finden Sie künstlerischen Drang und eine Bereitschaft, nach Besserem zu streben. Im Laufe der Zeit kann es jedoch zu Verbitterung führen.

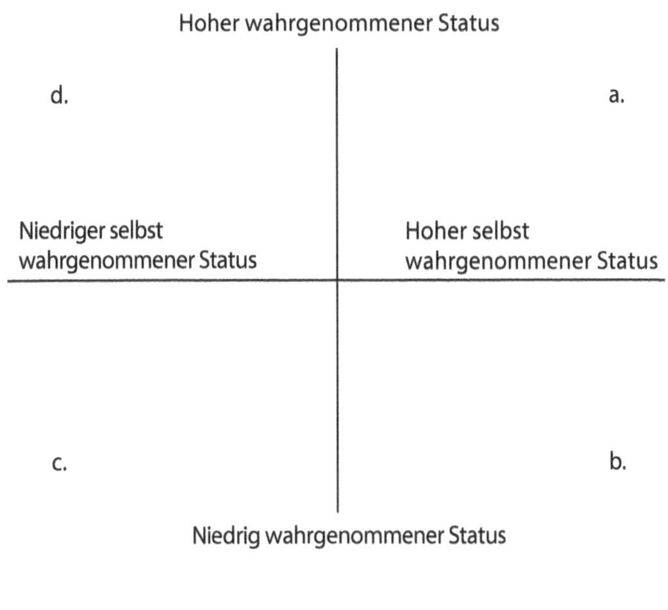

[4] Auch Hochstapler-Syndrom genannt; jemand glaubt, keine Ahnung zu haben, dabei ist oft das Gegenteil der Fall, Anm. d. Übers.

Und schließlich haben wir den Quadranten unten links (c) für Menschen, die sich selbst als unwürdig ansehen (und die Welt stimmt zu). Dies scheint zwar ein trauriger Ort zu sein, ist aber auch ein beständiger, weshalb wir diese Rolle in die hierarchische Struktur eingebettet haben. Dies ist Aschenputtel vor dem Ball, die nie mit einer Chance auf mehr rechnet. Dies ist der Bergmann, der darum kämpft, einen gefährlichen, schlecht bezahlten Job zu behalten.

Bevor wir mit der Analyse beginnen, jedoch zuerst noch ein anderes Raster:

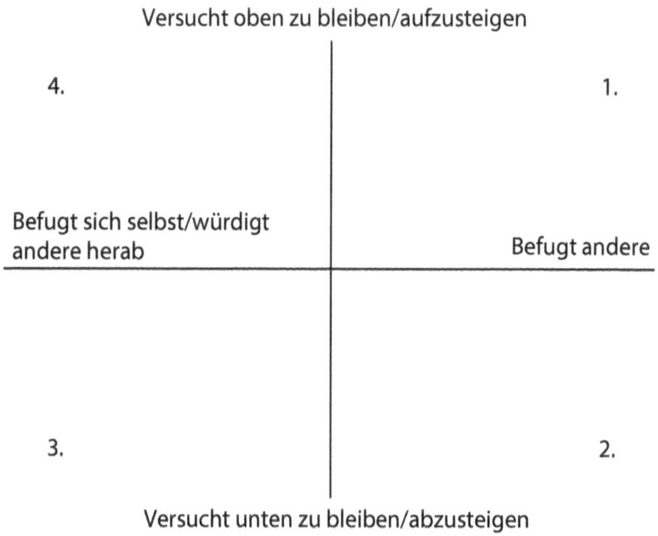

Bei vielen Interaktionen versuchen Menschen, ihren relativen Status zu verändern – entweder sich im Vergleich zu ihren Peers abzuheben, oder nach Sicherheit zu streben, indem sie aufgeben und sich herunterstufen.

Herabzustufen erzeugt Sicherheit, weil dort mehr Platz und weniger Bedrohung herrschen. Hier drängeln sich weniger Menschen um eine bessere Sicht oder die Chance, zuerst Mittag zu essen.

Menschen sind sich ihres relativen Status äußerst bewusst. Wir können auf- oder absteigen. Das können wir tun, indem wir anderen beim Auf- oder Abstieg helfen/sie dahin drängen. Wir können anderen die Tür öffnen und es ihnen ermöglichen, ihren Status anzuheben, oder wir können Zeit damit verbringen, andere abzuwerten und unseren eigenen Status anzuheben.

In Quadrant 1 sehen wir den Philanthropen, den engagierten Lehrer und den Verfechter von sozialer Gerechtigkeit. Er versucht, sein Ansehen bei anderen zu verbessern, indem er die Stärke demonstriert, sich auf jene von niederem Status zu konzentrieren, statt auf sich selbst. So verstehen wir sicher auch Superman. Er könnte Banken ausrauben, rettet stattdessen aber Leben.

In Quadrant 2 sehen wir ein ähnliches Verhalten, aber aus einem anderen Grund. Dies ist eine Person, die andere nicht nur in der Schlange vor lässt, sondern nicht einmal versucht, eine Rolle auszuüben, weil andere es mehr verdienen.

Quadrant 3 ist der antisoziale Charakter, der gegenüber der Welt einen schädlichen, infantilen Narzissmus an den Tag legt. Er ist wütend, weiß, dass er den anderen nicht gewachsen ist, aber wird alle um sich herum besiegen. O. J. Simpson und Martin Shkreli sind hier zu finden.

Und Quadrant 4 ist die tatkräftige, selbstsüchtige Person, die verzweifelt versucht, jeden Auftrag zu bekommen und bereit ist, dies mit einer Kombination aus Schaffen von Wert und Zerstören der Konkurrenz zu tun.

Unterschiedliche Geschichten für unterschiedliche Menschen

Wir haben alle unsere eigenen Geschichten. Das Marketingrauschen in unserem Kopf, die Weltanschauung, die nur uns betrifft, die Historie und Überzeugungen und Wahrnehmungen, die formen, wer wir sind und wofür wir uns entscheiden. Und *sonder* ist der großzügige Akt des Akzeptierens, dass andere nicht das wollen, glauben oder wissen, was wir tun – und eine ähnliche Überreizung in ihrem Kopf haben.

Aber um unsere Veränderung in diese Welt zu bringen, müssen wir ein paar Annahmen dazu treffen, was andere glauben. Wir können das Marketingrauschen in deren Köpfen nicht hören, aber wir können sehen, was sie tun, und ein paar Vermutungen anstellen.

In unserer Kultur gibt es eine Spaltung. In verschiedenen Momenten gibt es zwei Seiten, die sich selbst sehr unterschiedliche Geschichten erzählen und diese auf sehr unterschiedliche Weise ausleben: 1) die Populationen, die in bestimmten Situationen auf das Herrschen zurückgreifen und 2) jene, die nach Zugehörigkeit streben.

Zugehörigkeit und Herrschen sind verschiedene Wege, um Status zu ermitteln

Jede Suche nach dem »nettesten Kerl in Hollywood« bringt ein Foto von Tom Hanks hervor. Und jede Suche nach »Der Pate« liefert ein Foto des fiktiven Don Corleone.

Tom Hanks ist Anerkennung wichtig. Don Corleone setzte stattdessen auf Herrschen.

Diesen Unterschied zu sehen, setzt ein Verständnis unserer Welt frei, unserer politischen Landschaft, und davon, wie unsere Kunden die Dinge vielleicht sehen. Dieser Abschnitt unserer Reise ist voller Rollen, Erzählungen und Übertreibungen über jede Weltanschauung.

Zugehörigkeit:

Die Fragen, die jemand sich und den Menschen in seiner Umgebung stellt, dem Zugehörigkeit wichtig ist:

Wer kennt dich?
Wer vertraut dir?
Hast du Dinge besser gemacht?
Wie sieht dein Netzwerk aus?
Wo stehst du innerhalb des Tribes (deiner sozialen Gruppe)?
Können wir nicht alle klarkommen?

Herrschen:

Die Fragen und Aussagen, die jemand an sich selbst und die Menschen in seiner Umgebung richtet, dem Herrschen wichtig ist:

Das ist meins, nicht deins.

Wer hat mehr Macht?

Das habe ich allein gemacht.

Meine Familie braucht mehr von dem, was wir bereits haben.

›Mein Team dominiert dein Team‹ bedeutet, dass ich nicht die Leitung haben muss, so lange mein Anführer gewinnt.

Auf dem Sportplatz interessiert einen Zwölfjährigen vielleicht nichts anderes als zu gewinnen. Und nicht nur zu gewinnen, sondern den Gegner zu schlagen. Er wird die Beweggründe des Schiedsrichters in Zweifel ziehen, anderen auf die Füße treten und lässt sich durch nichts aufhalten, um zu gewinnen.

Dasselbe Kind hat nicht die geringsten Ambitionen, in seiner Klasse unter den besten zu sein, aber es ist ihm sehr wichtig, neben wem es im Bus sitzt.

In der Jazzband führt jemand genau Buch darüber, wie viele Soli er bekommt, und jemand anderer will sichergehen, dass er dabei hilft, dass die Gruppe im Takt spielt.

Die Menschen, denen Sie in diesem Moment dienen wollen: Was sind deren Kriterien?

Wenn Sie jemandem etwas vermarkten wollen, dem Herrschen oder Zugehörigkeit wichtig ist, müssen Sie sich darüber bewusst sein, was gemessen wird und warum.

»Wer isst zuerst?« und »Wer sitzt neben dem Herrscher?« sind Fragen, die bis heute fortbestehen. Beides sind Statusfragen. Eine beinhaltet Herrschen; die andere beinhaltet Zugehörigkeit.

Nicht nur zuerst zu essen, sondern zum Team der Person zu gehören, die als Erste isst, und Vergnügen daraus zu ziehen, zu sehen, dass andere zuletzt essen.

Nicht einfach nur neben dem Herrscher sitzen, sondern zu wissen, dass Sie auch morgen noch in seiner Gunst stehen (und in der des restlichen königlichen Hofes).

Wie lautet die Geschichte, die bei ihrem Publikum auf Resonanz stößt?

Vom Profi-Wrestling lernen

Was ist Profi-Wrestling denn anderes als ein Kampf um Ansehen?

Nicht einfach nur bei den Wrestlern, sondern auch bei den Fans. Denn wenn Ihr Held aufsteigt, steigen Sie mit ihm auf.

Wenn Sie die Brille erkennen, durch die Profi-Wrestling und dessen Fans die Welt sehen, während sie bei einem Kampf sind, dann werden Sie verstehen, wie manche Menschen Ihr Angebot wahrnehmen werden.

Die Alternative zum Herrschen ist Zugehörigkeit

Jemand kann zu Ansehen gelangen, ohne eine Ölquelle oder eine Fabrik zu besitzen. Und jemand kann genauso viel Ansehen genießen, indem er jemanden in den Verkehrsfluss hineinlässt wie davon, ihm den Weg zu versperren.

Das ist der Status, der aus der Gemeinschaft kommt. Es ist der Status des Respekts als Gegenleistung für Beitrag, Fürsorge, für das Sehen der anderen und mit ihnen im Gleichklang zu sein. Vor allem andere, die nicht in der Lage sind, es Ihnen zu vergelten.

Moderne Gesellschaft, Urbane Gesellschaft, Internetgesellschaft, die Künste und Innovation bauen alle vorrangig auf Zugehörigkeit auf, nicht auf Herrschaft.

Diese Art von Status ist nicht »Ich bin besser«. Es ist »Ich bin verbunden mit. Ich gehöre zur Familie.« Und in einer Wirtschaft, die auf Verbindung basiert, nicht auf Produktion, ist es unbezahlbar, ein vertrauenswürdiges Familienmitglied zu sein.

Bei Mode geht es in der Regel um Zugehörigkeit

Was wird gezeigt? Was machen die anderen? Ist das die Saison?

Innerhalb von umkämpften Märkten gibt es ein Rennen um die dominante Stimme, aber unter den Kunden, die diesen Markt ausmachen, funktioniert die Position des Anführers, weil die Kunden sich wünschen, miteinander verbunden zu sein.

Der Anführer liefert ein wertvolles Signal, den Hinweis, dass alle anderen synchron sein werden. Ziel ist nicht zu gewinnen: sondern Teil der Gruppe zu sein.

Dominanzsignale aussenden

Uber baute seine Marke auf Dominanz auf. Die ersten Jahre der Markteinführung waren markiert von kontroversen Beziehungen mit Stadträten, Wettbewerbern und Fahrern. Dieses Signalisieren stand in Einklang mit der Sichtweise einiger Investoren, Mitarbeiter und Nutzer und erlaubte ihnen, ihre Geschichte und die Art der Erzählung noch auszuweiten. Einige Kunden, Partner und Mitarbeiter sprechen am besten auf eine Geschichte übers Gewinnen und Verlieren an.

Für was für eine Art von Firma möchten Sie arbeiten? Menschen, die in Einklang mit einer Weltanschauung stehen, haben oft Schwierigkeiten, sich vorzustellen, warum sich jemand für eine andere entscheiden sollte.

Zugehörigkeitssignale aussenden

Marketer wenden enorm viel Zeit und Geld für die einfache Aufgabe auf, Zugehörigkeitssignale auszusenden. Wie frequentiert ist der Messestand? Wer ist noch auf der Produkteinführungsparty? Wer preist das Buch an? Reden »die Leute«

darüber (was die Kurzform für »Tun Leute wie wir Dinge wie diese?« ist)?

Zugehörigkeit ist nicht so sehr auf Knappheit angewiesen wie Herrschen, denn Zugehörigkeit bewundert den Netzwerkeffekt. Mehr Anerkennung führt zu Anerkennung für alle, die darin einbezogen sind. Überfluss ist willkommen.

Der Zugehörigkeitsmarketer, der nach einem Hebel sucht, arbeitet daran, die Dinge in Gang zu bringen, indem er das richtige Signal an die richtigen Leute sendet, auf der Suche nach einem Kaskadeneffekt. Für eine Investmentbank bedeutet das, die Anzeigen erfolgreicher Transaktionen mit den Namen all der »richtigen« Firmen darauf zu platzieren. Für einen Business-to-Business-Verkäufer bedeutet es, Empfehlungen zu erzeugen. Für einen lokalen Handwerker bedeutet es, sich in einer begrenzten Gegend zu engagieren, bis er sich einen gewissen Ruf erarbeitet hat.

Herrschen ist eine vertikale Erfahrung, über oder unter. Zugehörigkeit ist eine horizontale: Wer steht neben mir?

Zugehörigkeit und Herrschen findet beim Kunden statt, nicht bei Ihnen

Sehen Sie die Welt im Hinblick auf Gewinner und Verlierer? Auf- und Abstieg? Oder geht es mehr um Insider und Outsider, synchron zu sein, Teil einer Bewegung zu sein?

Die Art und Weise, wie Sie die Welt sehen, ist auch nicht annähernd so wichtig wie die Weltanschauung jener, denen Sie dienen wollen.

Wie wir gesehen haben, ist deren Weltanschauung immer stärker als die Geschichte, für deren Erzählung Sie sich entschieden haben. Die Menschen, denen wir dienen wollen, haben anderes Marketingrauschen in ihrem Kopf als wir.

KAPITEL ZWÖLF

Ein besserer Businessplan

Wohin gehen Sie? Was hält Sie zurück?

Mir ist nicht klar, warum Businesspläne so sind, wie sie sind, aber sie werden oft missbraucht, um zu verschleiern und zu langweilen und sind geschickt darin, Erwartungen zu erfüllen. Wenn ich die Wahrheit über ein Geschäft und seine Tendenz wissen will, würde ich ein nützlicheres Dokument bevorzugen. Ich würde den modernen Businessplan in fünf Abschnitte einteilen:

Wahrheit
Aussagen
Alternativen
Menschen
Geld

Der Wahrheitsteil beschreibt die Welt, wie sie ist. Machen Sie Fußnoten, wenn Sie wollen, aber erzählen Sie mir von dem Markt, in den Sie eintreten wollen, den vorhandenen Bedürfnissen, den Wettbewerbern in Ihrem Feld, technologischen Standards und dem Scheitern oder Erfolgen anderer in der Vergangenheit. Je konkreter desto besser. Je mehr Grundkenntnisse, desto besser.

Je mehr die Geschichten Ihrem Bauchgefühl entsprechen, desto besser. Sie müssen sich darüber im Klaren sein, wie Sie die Welt sehen, und dass Sie und ich bei Ihren Annahmen übereinstimmen. Dieser Abschnitt ist nicht parteiisch – er bezieht keine Position; er stellt lediglich fest, wie die Dinge sind.

Die Wahrheit kann so viel Zeit in Anspruch nehmen, wie Sie brauchen, um Sie zu erzählen. Sie kann Tabellen beinhalten, eine Analyse der Marktanteile und alles andere, was ich darüber wissen muss, wie die Welt funktioniert.

Der Abschnitt mit den Aussagen ist Ihre Chance, zu beschreiben, wie Sie Dinge verändern wollen. Wir werden X tun und dann passiert Y. Wir werden innerhalb dieser Zeit und mit so viel Geld Z aufbauen. Wir werden dem Markt Q präsentieren und der Markt wird darauf reagieren, indem er P tut.

Durch das Erzählen von Geschichten erzeugen Sie Spannung. Sie bedienen einen konkreten Markt. Sie erwarten, dass wegen Ihrer Ankunft etwas Bestimmtes passiert. Was?

Das ist das Herz des modernen Businessplans. Der einzige Grund, ein Produkt einzuführen, besteht darin, zu verändern, Dinge zu verbessern, und wir wollen wissen, was Sie tun werden und welche Auswirkungen das haben wird.

Natürlich wird dieser Abschnitt ungenau sein. Sie werden Annahmen treffen, die nicht aufgehen. Sie werden Budgets, Deadlines und Verkaufszahlen nicht einhalten. Deshalb erzählt mir der Abschnitt mit den Alternativen, was Sie tun werden, falls es dazu kommt. Wie flexibel ist Ihr Produkt oder Ihr Team? Wenn sich Ihre Annahmen nicht bewahrheiten, ist es dann vorbei?

Der Abschnitt über Menschen betont zu Recht das Schlüsselelement: Wer gehört zu Ihrem Team und wer wird noch dazukommen? »Wer« meint nicht deren Lebensläufe; es meint deren Einstellung und Fähigkeiten und Erfolgsbilanz.

Sie können hier noch einen Schritt weiter gehen. Wer sind die Menschen, denen Sie dienen? Wer sind die Hauptvertreter? Was glauben sie über Ihren Status? Welche Weltanschauung haben sie?

Im letzten Abschnitt geht es um Geld. Wie viel Sie brauchen, wofür Sie es ausgeben werden, wie der Cashflow aussieht, Gewinn und Verlust, Bilanzen, Gewinnmargen und Ausstiegsstrategien.

Ihrem lokalen Risikokapitalgeber mag dieses Format nicht gefallen, aber ich wette, es wird Ihrem Team helfen, die schwierigen Probleme klarer zu durchdenken.

Erkennen Sie die Verschiebung?

Als Sie dieses Buch aufschlugen, haben Sie vermutlich gesagt: »Ich habe ein Produkt und brauche mehr Menschen, die es kaufen. Ich habe ein Marketingproblem.«

Aber nun erkennen Sie hoffentlich die Hersteller-/egoistische Natur dieser Aussage. Der Zweck unserer Kultur besteht nicht darin, Kapitalismus zu ermöglichen, auch wenn Kapitalismus Ihre Rechnungen bezahlt. Der Zweck von Kapitalismus besteht darin, unsere Kultur zu erschaffen.

Sobald Sie eine Dienstleistungshaltung eingenommen haben, sich auf die Kultur der Veränderung eingelassen haben, tritt die Verschiebung ein.

Statt zu fragen »Wie kann ich mehr Menschen dazu bringen, mir zuzuhören, die Nachricht verbreiten, wie finde ich mehr Follower, wie kann ich mehr Kundenkontakte in Verkäufe verwandeln, wie finde ich mehr Klienten, wie kann ich meine Mitarbeiter bezahlen …?« fragen Sie nun: »Welche Veränderung strebe ich an?«

Sobald Sie wissen, wofür Sie stehen, wird der Rest sehr viel einfacher.

Ein oberflächlicher Nachbau Ihres Leitbildes ist nicht hilfreich

Zu oft sind wir besessen von unserem Ziel, unserem Warum, unserem Daseinsgrund. Und zu oft ist dieses Ziel einfach nur die Umkehrung der Aussage: »Ich würde gern mehr von dem verkaufen, was zu verkaufen ich mich bereits entschieden habe.«

In meiner Erfahrung haben die meisten Marketer dasselbe »Ziel«. Erfolgreich zu sein. Sich auf eine Weise mit Menschen auseinanderzusetzen, von der beide Seiten profitieren. Respektiert, gesehen und geschätzt zu werden. Genügend Profit zu machen, um es wieder zu tun.

Das ist Ihr Warum. Darum gehen Sie zur Arbeit.

Okay, verstanden.

Aber ein besserer Businessplan nimmt dieses universelle Bedürfnis und macht es konkret – beschreibt, wer und wofür es ist. Er umreißt die Spannung, die Sie erzeugen wollen, die Statusrollen, auf die Sie sich einlassen, und die ganze Geschichte, die Sie bringen, die zu Veränderungen führen wird.

Das ist nicht Ihr Ziel. Das ist nicht Ihre Mission. Es ist einfach das, was Sie tun.

Sollte es nicht funktionieren, so ist das in Ordnung. Es bedeutet nicht, dass Sie kein Ziel haben oder dass Ihr »Warum« zum Scheitern verdammt ist. Es bedeutet lediglich, dass Sie eine weitere Route in Ihrem Bestreben, etwas zu bewirken, ausgeschlossen haben.

Nun können Sie eine neue finden.

KAPITEL DREIZEHN
Zeichenlehre, Symbole und Jargon

Können Sie mich jetzt hören?

Wir kommunizieren mit Symbolen. Die Buchstaben »A-U-T-O« sind kein Zeichen für ein Auto, auch kein Bild davon. Sie sind ein Ersatz, ein Symbol, das, wenn Sie Deutsch sprechen, ein Auto in Erinnerung bringt.

Nike gab Milliarden Dollar dafür aus, Millionen Menschen darin zu unterrichten, dass das »Swoosh«-Logo ein Symbol für menschliche Möglichkeiten und Leistungen ist, ebenso wie für Status und Erfolg.

Und falls Sie Designer sind, ist die Schriftart Comic Sans ein Symbol für schlechten Geschmack, niedrigen Status und Faulheit.

Marketer habe die Demut, zu verstehen, dass nicht jeder ein Symbol auf die gleiche Weise wahrnimmt, das Bewusstsein, das richtige Symbol für das richtige Publikum zu verwenden und den Mut, neue Symbole zu erfinden.

Vor 100 Jahren steckte die Zeichenlehre noch in den Kinderschuhen. Sie wurde nicht täglich von einer Milliarde Menschen angewandt, wie wir sie heute online vermarkten. Unsere Fähigkeit, dies bewusst zu tun (oder mit naiver Intuition) kann nun den Unterschied zwischen Erfolg und Scheitern bedeuten.

Woran erinnert Sie das?

Vielbeschäftigten Menschen (Sie wissen schon, die Art von Mensch, die Sie verändern wollen) ist Ihre Arbeit nicht so wichtig wie Ihnen. Diese Menschen sind nicht so auf dem Laufenden wie Sie, kennen nicht die Wettbewerbslandschaft oder das Drama hinter den Kulissen.

Wir scannen statt zu untersuchen.

Und wenn wir scannen, fragen wir: »Woran erinnert mich das?«

Das bedeutet, dass das Logo, das Sie verwenden, die Geschichten, die Sie erzählen und die Erscheinung Ihrer Arbeit, dass das alles wichtig ist. Ihre Worte stoßen bei uns auf Widerhall, nicht nur wegen ihrer Bedeutung, sondern wegen ihres Klangs und der Art ihrer Verwendung.

Es ist nicht nur das Material. Es ist sogar die Art und Weise, wie Sie den externen Raum für Ihre Firma einrichten.

Wenn es uns an eine Highschool-Caféteria erinnert, wissen wir, wie wir agieren müssen. Wenn es ein Haufen runder Tische in einem Fast-Food-Restaurant ist, wissen wir, wie wir uns verhalten müssen. Und wenn es Reihen mit Stühlen wie in einem Hotel sind, wissen wir, wie wir sitzen und glänzend agieren müssen.

Sie selbst oder wie hart Sie daran gearbeitet haben, sind uns nicht wichtig. Wir wollen wissen, ob es für uns ist und ob Sie das einzig Wahre sind.

Das ist Zeichenlehre. Flaggen und Symbole, Abkürzungen und Steno.

Verändern die blinkenden Lichter bei einem Rockkonzert in einem Stadion die Art und Weise, wie die Musik klingt? Vielleicht tun sie das, weil sie uns daran erinnern, dass wir bei einem Rockkonzert in einem Stadion sind.

Wenn wir eine Zeitung in der Hand halten, fühlt sich das anders an als ein Tablet oder ein Comicbuch oder eine Bibel. Die Form verändert die Art, wie die Wörter klingen.

Ein Schokoriegel bietet sich anders dar als ein Chemotherapeutikum.

Wenn wir eine Arztpraxis betreten, in der wir uns fühlen wie bei einem Chirurgen, erinnern wir uns daran, wie uns der Chirurg geholfen hat … auch wenn es die Praxis eines Chiropraktikers ist.

Wenn wir ein Buch auswählen, das wie im Eigenverlag herausgegeben wirkt, behandeln wir es anders als ein Buch, das uns an einen Klassiker erinnert, den wir in der Oberstufe gelesen haben.

Wenn wir einen Anruf erhalten und das verräterische Klicken hören und Schweigen herrscht, bevor ein Fremder zu sprechen beginnt, erinnern wir uns an all die automatischen Werbeanrufe und den Telefonspam, den wir bereits erhalten haben und legen auf, bevor der Anrufer auch nur ein Wort sagen kann.

Und wenn die Website mit GeoCities und blinkenden GIFs gestaltet ist …

Wenn Sie mich an eine Betrugsmasche erinnern, wird es lange dauern, diesen ersten Eindruck zu annullieren. Genau aus diesem Grund ähneln sich die Logos so vieler Großunternehmen. Das ist keine Faulheit. Die Designer versuchen, Sie an eine solide Firma zu erinnern.

Das ist die Arbeit von »erinnert mich an«. Das können Sie bewusst tun.

Einen Profi engagieren

Das Internet ist übersät mit Websites, E-Mails und Amateur-Videos. Amateure, die etwas gemacht haben, das ihnen gefällt.

Was in Ordnung ist.

Aber ein Profi designt für Sie etwas, das anderen Menschen gefallen wird. Er erschafft ein Aussehen und ein Gefühl, das Menschen an ihre Art von Magie erinnert.

Es gibt nicht die eine professionelle Darstellung, nicht die eine richtige Antwort. Einen Sommer-Blockbuster erkennt man an den ersten vier Szenen, es ist eindeutig kein YouTube-Video von einem Teenager-Make-up-Guru.

Mitunter findet der Amateur einen Jargon, der die richtigen Leute an die richtige Geschichte erinnert. Ansonsten sollte man es bewusst tun.

Stellen Sie sich diese Welt vor …

Don LaFontaine sprach mehr als 5000 Kinotrailer und 350.000 Fernsehwerbespots. Das lag nicht daran, dass er mehr Talent hatte als alle anderen oder weil er am preisgünstigsten war. Es lag daran, dass sich sein Startvorteil auszahlte, und wenn ein Studioleiter das Publikum an einen großen Kinofilm erinnern wollte, konnte Dons Stimme das leisten, eben weil seine Stimme Sie an seine früheren Arbeiten erinnerte.

Es ist wichtig, daran zu denken, dass es egal ist, woran es Sie, den Marketer, der es kreiert, erinnert. Der Zeichenlehre ist es egal, wer das Symbol geschaffen hat. Das Symbol ist im Kopf der Person, die es betrachtet.

Noch wichtiger ist, daran zu denken, dass es keine richtige Antwort gibt. Das Symbol, das bei der einen Gruppe funktioniert, tut das nicht bei einer anderen. Im Silicon Valley ist der Hoodie ein Symbol für Status (ich bin zu beschäftigt, um Klamotten kaufen zu gehen). In einem anderen Kontext, bei einem anderen Publikum, kann ein Hoodie in Ostlondon jemanden in Alarmbereitschaft versetzen, statt ihn zu beruhigen.

Warum ist Nigeria-Spam so schludrig?

Wenn Sie eine E-Mail von einem Prinzen erhalten haben, der Ihnen anbietet, Millionen Euro mit Ihnen zu teilen, sind Ihnen vielleicht die vielen Rechtschreibfehler und andere verräterische Hinweise darauf aufgefallen, dass dies nicht wahr sein kann.

Warum sollten erfahrene Betrüger derart offensichtliche Fehler begehen?

Weil es nicht für Sie ist. Weil sie ein Signal an Menschen senden, die skeptisch sind, vorsichtig und gut informiert: Halt dich fern.

Der Zweck dieser E-Mail ist das Senden eines Signals. Ein Signal an die Gierigen und Leichtgläubigen. Denn jeden anderen in den Prozess aufzunehmen verschwendet nur die Zeit des

Betrügers. Er verliert Sie lieber, als in Sie zu investieren und Sie am Ende doch zu verlieren.

Die Erkennungszeichen eines SUV nennt man Kotflügelverbreiterungen

2018: Je teurer ein Auto ist, desto wahrscheinlicher sind leicht übertriebene Kotflügelverbreiterungen.

Diese Verbreiterungen sind heute leichter herzustellen als früher (Roboter biegen Stahl), aber sie bleiben ein Signal. Eine Botschaft über den Status des Wagens und seines Fahrers.

Sie erfüllen im Grunde keine Funktion. Der Kotflügel ist mehr als 15 Zentimeter vom Reifen entfernt. Aber sie bleiben.

Und auf dem Zubehörmarkt zahlen Sie für einen besonders großen Kotflügel sogar noch mehr, eine Art Schönheits-OP für Ihren Wagen.

Tun Sie zu viel davon, und Ihr Status fällt bei den meisten Zuschauern, statt zu steigen. Genauso ist es mit der plastischen Chirurgie.

Der Cadillac XTS geht sogar noch weiter. Über jedem Hecklicht ist ein winziger Kotflügel. Wieder gibt es keinen praktischen Nutzen, abgesehen davon, dass sich manche Leute, nur ein bisschen, an das Batmobil erinnert fühlen (oder den 1955 Lincoln Futura).

Diese Statuskotflügel sehen wir überall.

Alex Peck weist darauf hin, dass Autofahrerhandschuhe auf dem Handrücken ein großes Loch haben. Warum? Vielleicht ist das ein Überbleibsel aus der Zeit, als Männer mit Autos große Armbanduhren trugen, und der Handschuh brauchte ein Loch, damit die Uhr sichtbar war.

Mit der Zeit vergaßen wir die große Uhr und behielten nur das Loch. Es ist ein Symbol.

Diese Überbleibsel nützlicher Dinge wurden zu Symbolen, und sobald ein Symbol Bekanntheitsgrad erlangte (wie die winzigen Details auf einer Hermès-Handtasche) werden sie schnell kopiert, manipuliert und verbreitet, bis sie aufhören, eine Seltenheit zu sein und dann nur noch ein Signal für sich verändernden Geschmack darstellen.

Was ist Ihr Kennzeichen? Warum sollte sich jemand damit schmücken?

Das Kennzeichen ist nichts für jeden

Es lohnt, nochmals festzuhalten, dass der kleinste profitable Markt Ihnen die Freiheit gibt, jene auszusuchen, denen Sie dienen wollen. Und diese Menschen suchen ein bestimmtes Symbol. Wenn Sie den Markt gut ausgewählt haben, ist es wahrscheinlich, dass das Symbol, nach dem sie suchen, sich stark von dem unterscheidet, das für ein größeres Publikum funktionieren würde.

Das beinhaltet ein Paradoxon. Wenn wir verändern wollen, müssen wir zuerst losgehen, uns an der einen oder anderen Stelle vorwagen. Aber diese Innovation erinnert häufig (ein paar) Leute an ein vergangenes Ereignis, das schiefging. Wir beginnen, indem wir ein Publikum bedienen, für das das in Ordnung ist, weil es das einzige Publikum ist, das uns mit unserer neuen Sache eine Chance gibt.

Senden Sie ein Signal aus, das sich anfühlt wie ein Zeichen, dem wir bereits vertrauen, dann verändern Sie es genug, um uns wissen zu lassen, dass es neu ist und dass es Ihres ist.

Das Gleiche und das andere

Die meisten Werbeanzeigen für Autos sehen gleich aus. Das liegt daran, dass die Gleichheit ein Signal aussendet, dass das Auto es wert ist, in Betracht gezogen zu werden, eine sichere Alternative für eine so große Investition.

Modeanzeigen in der *Vogue* sehen ganz anders aus als die in *Field & Stream* oder *Sports Illustrated*. Warum? Der Jargon ist wichtig. Sie sind keine Leute wie wir, wenn Sie nicht so reden (reden bedeutet Schriftart, Fotostil, Text), wie wir es von Ihnen erwarten.

Genau das bietet Ihnen ein guter Designer. Die Chance, sich anzupassen.

Und manchmal entscheiden Sie vielleicht, stattdessen einen großartigen Designer zu beauftragen. Jemanden, der die Erwartung aufbrechen und anders reden kann, aber nicht so anders, dass Sie nicht bei denen auf Widerhall stoßen, zu denen Sie eine Verbindung herstellen wollen.

Als die Werbelegende Lee Clow die Bildsprache von George Orwells *1984* nahm, um den kultigsten Werbespot aller Zeiten zu kreieren, verstand nahezu niemand, der Apples Super-Bowl-Werbung sah, sämtliche Bezüge. (Die Zuschauer hatten das Buch auf der Highschool gelesen, aber wenn Sie auf hundert Millionen Bier trinkende Sportfans einwirken wollen, ist eine Pflichtlektüre aus der Schule nicht unbedingt der beste Ausgangspunkt.) Aber die medienerfahrenden TV-Sprecher verstanden sofort, schluckten den Köder und redeten darüber. Und die Computerfreaks taten es und standen begierig Schlange, um als Erste dran zu sein.

Die Lektion: Apples Anzeigenteam brauchte nur eine Million Leute, die es interessierte. Also schickten sie denen ein Signal und ignorierten alle anderen.

Die Idee brauchte 30 Jahre, um sich von der Million bis zu allen zu verbreiten, 30 Jahre, um Hunderte Milliarden Dollar an Börsenwert aufzubauen. Aber das passierte wegen der brillanten Nutzung der Zeichenlehre und nicht wegen der Technologie. Auf Schritt und Tritt sandte Apple Signale und schickte sie in Worten, Schriften und Designs, die gerade provokant genug waren, damit die richtigen Leute die Botschaft hörten.

Fallstudie: Wo ist Keith?

Nicht alle Zeichen sind harmlos. Als Penelope Gazin und Kate Dwyer ihre Website Witchsy.com ins Leben riefen, hatten sie

Schwierigkeiten, Antworten auf ihre E-Mails zu bekommen. Sie kreierten einen dritten Partner, einen fiktiven Burschen namens Keith, gaben ihm eine E-Mail-Adresse und ließen ihn bei E-Mail-Threads mitmachen.

Diese simple Verschiebung legte einen beschämenden Unterschied offen, der zeigt, wie unsere Gesellschaft Männer und Frauen behandelt. E-Mails von »Keith« wurden rasch beantwortet. Verkäufer, Entwickler und potenzielle Partner kehrten eher zu Keith zurück, sprachen ihn mit seinem Namen an und waren hilfsbereiter, berichteten sie in *Fast Company*.

Wir beurteilen alles und umgekehrt beurteilen die Leute uns. Die Urteile sind oft voreingenommen, inkorrekt und ineffizient. Aber sie zu leugnen lässt sie nicht verschwinden.

Der Marketer kann Symbole nutzen, um Vertrauen und Enrollment zu gewinnen oder festzustellen, dass diese Symbole in die entgegengesetzte Richtung wirken. Um die Kultur zu verändern, bleibt uns keine Wahl, als die Kultur, die wir ändern wollen, anzuerkennen.

Das bedeutet nicht, aufzugeben, sich anzupassen oder dabei zu scheitern, Ungerechtigkeit zu hinterfragen. Aber es verlangt von uns, unsere Geschichten und Symbole willentlich zu fokussieren. Für wen ist es? Wofür ist es?

Wir fügen die Kennzeichen bewusst hinzu

Die semiotischen Kennzeichen, für die wir uns entscheiden, sind unsere Wahl. Keines anzubringen ist genauso Absicht wie das Anbringen.

Die Menschen, denen Sie dienen möchten, versuchen herauszufinden, wer Sie sind. Wenn Sie in deren Welt auftauchen, sollten Sie es ihnen vereinfachen, zu wissen, wer Sie sind und wofür Sie stehen.

Das Faule daran ist, darauf zu beharren, dass Sie kein Kennzeichen (oder Abzeichen) brauchen. Dass Sie nicht die kulturellen

Memes übernehmen müssen, die schon existieren, oder nicht einmal eine Uniform tragen müssen.

Das Verrückte daran ist, vorzugeben, Ihre Eigenschaften seien so gut, dass sonst nichts zählt.

Irgendetwas anderes zählt immer.

Sind Marken wichtig?

Was ist Ihre Marke?

Kleiner Tipp: Ihr Logo ist es nicht.

In einer extrem überfüllten Welt, mit zu viel Auswahl (mehr als 20 Arten Toner stehen für meinen Laserdrucker zur Wahl und mehr als 19.000 Kombinationen von Getränken bei Starbucks) und da nahezu alles »gut genug« ist, können Sie froh sein, überhaupt eine Marke zu haben.

Eine Marke ist das Kürzel für die Kundenerwartungen. Was versprechen Sie nach deren Auffassung? Was erwarten sie, wenn sie bei Ihnen kaufen, Sie treffen oder engagieren?

Dieses Versprechen ist Ihre Marke.

Nike hat kein Hotel. Wenn es so wäre, hätten Sie vermutlich eine Vorstellung, wie es wohl wäre. Das ist Nikes Marke.

Wenn Sie echte Fans haben, dann liegt das nur daran, weil sich diese Gruppe auf eine Weise auf Sie einlässt, die aussendet, dass sie beim nächsten Mal etwas Lohnendes von Ihnen erwarten. Diese Erwartung ist nicht konkret; sie ist emotional.

Ein Massenprodukt hat dagegen keine Marke. Wenn ich Weizen je Tonne und Kaffee je Pfund oder Bandbreite je GB kaufe, habe ich keinerlei Erwartungen abgesehen von der Spezifikation. Gib mir genau das, was ich gestern hatte, schneller und preiswerter, und ich bezahle dich dafür.

Woher wissen wir, dass Marken wie Verizon und AT&T im Grunde wertlos sind? Weil es ihnen egal wäre, wenn wir jemanden von der einen zu der anderen wechseln lassen würden.

Wenn Sie einen Marketingwert aufbauen wollen, müssen Sie in Verbindungen und andere nicht übertragbare Eigenschaften investieren. *Wenn es den Menschen wichtig ist, haben Sie eine Marke.*

Spielt Ihr Logo eine Rolle?

Es ist weniger wichtig, als Ihr Designer es gerne hätte, aber mehr als das typische Entscheidungskomitee erkennt.

Falls Ihre Marke Ihr geistiges Kürzel für das Versprechen ist, das Sie abgeben, dann ist ein Logo die Post-it-Erinnerung an dieses Versprechen. Ohne eine Marke ist ein Logo bedeutungslos.

Ein einfaches Beispiel:

Erstellen Sie eine Liste mit fünf Logos, die Sie bewundern. Als Konsument von Design zeichnen Sie fünf gut gemachte Logos oder schneiden Sie sie aus.

Erledigt?

Okay, hier ist meine Prognose: Jedes davon steht für eine Marke, die Sie bewundern.

Nahezu niemand wählt ein Hakenkreuz oder das clevere Symbol der Bank aus, die ihn abgezockt hat. Das liegt daran, dass Logos derartig aufgehen in Markenversprechen, dass wir sie mit all der Kraft der Marke durchtränken und die integrierten Bildpunkte ignorieren.

Ja, es ist möglich, dass ein scheußliches Logo eine fabelhafte Marke schmücken kann. Viele der besten Marken haben kein erkennbares oder einprägsames Logo (Google, Sephora und Costco fallen mir da ein). Und ein kurzer Blick auf Ihre Markenliste in Helvetica zeigt, dass die meisten Marken nicht bemüht werden brauchen:

Nein, Sie sollten es nicht einfach herunterrattern oder leichtfertig sein. Sie sollten kein Logo auswählen, das Menschen beleidigt oder verwirrt. Ja, Sie sollten ein Logo auswählen, dass in unterschiedlichen Größen und Medien funktioniert.

Aber vor allem ... wählen Sie ein Logo, geben Sie nicht Tonnen an Geld dafür aus oder halten dafür jede Menge Meetings ab, und behalten Sie es so lange, wie Sie Ihren Vornamen behalten.

KAPITEL VIERZEHN
Behandeln Sie unterschiedliche Menschen unterschiedlich

Auf der Suche nach den Neophilen

Nehmen Sie in einer x-beliebigen Gruppe irgendeine Maßeinheit (Größe, Gewicht, IQ, Haarlänge, Geschwindigkeit beim 50-Meter-Sprint, Anzahl der Facebook-Freunde) und Sie werden feststellen, dass sich eine beträchtliche Zahl um den Durchschnitt herum bewegt.

Etwa 68 Prozent der 100 Personen werden nah am Durchschnitt liegen. Weitere 27 Prozent werden signifikant weiter entfernt und 4 Prozent werden extreme Ausreißer sein.

Dies passiert oft genug, dass wir es als Standardabweichung bezeichnen können.

Es stellt sich heraus, dass dies besonders auf menschliches Verhalten zutrifft.

Everett Rogers zeigte auf, dass die meisten Menschen im Hinblick auf Stil, Technologie oder Innovationen mögen, was sie besitzen. Sie wollen das tun, was andere tun und suchen nicht aktiv nach Neuheiten.

Einige Menschen, die 15 oder 16 auf der linken Seite der Kurve in der folgenden Grafik, sind jedoch Neophile. Sie sind Erstanwender. Sie wollen das Bessere, Klügere, Innovativere. Sie warten in der Schlange, um einen Film am Premierenabend zu sehen, sie aktualisieren ihr Betriebsprogramm sofort und sie lesen die *Vogue* wegen der Anzeigen.

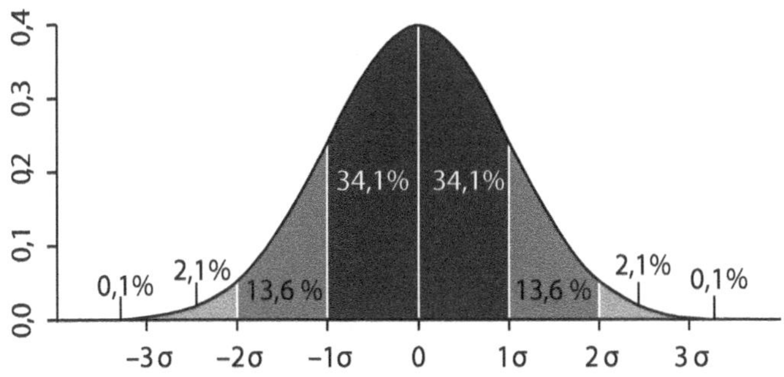

Standardabweichungen: Die Prozentzahlen zeigen an, welcher Prozentsatz der Population in jedem Segment gemessen wird. Zum Beispiel liegen 34,1 % der Population innerhalb einer Standardabweichung unter dem Mittelwert.

Und eine gleich große Anzahl von Personen, die auf der rechten Seite der Kurve, werden ihren Status bis zum letzten Tag verteidigen. Sie lesen immer noch *Reader's Digest* und verwenden einen Videorekorder.

Gute Marketer sind demütig genug, zu verstehen, dass Sie nicht eine Minute auf jemanden verschwenden sollten (weder von Ihrer noch von deren Zeit), der nicht auf der linken Seite der Kurve ist.

Wenn jemand mit dem zufrieden ist, was er hat, werden Sie wohl kaum die Zeit oder das Geld haben, sich direkt an denjenigen zu wenden und ihn dazu zu bringen, unzufrieden zu sein – will heißen, interessiert und offen genug, um zu wechseln und Kunde zu werden.

Es ist nichts für diese Menschen. Nicht jetzt.

Mit Ausdauer und Intelligenz erreichen Sie diese Menschen vielleicht. Eines Tages. Peer-to-Peer. Persönlich. Durch verdiente Medien (Earned Media). Aber nicht jetzt.

Es sind die Neophilen, jene Leute mit einem Problem, das Sie auf der Stelle lösen können (Neuheit und Spannung und die endlose Suche nach dem Besseren), wo Sie beginnen können.

Enrollment

So etwas wie Erziehungsmaßnahmen gibt es nicht. Es ist nahezu unmöglich, Menschen gegen ihren Willen etwas beizubringen.

Die Alternative ist freiwillige Teilnahme: das Gewinnen von Enrollment – Menschen dazu zu bringen, sich auf das Produkt oder die Dienstleistung einzulassen.

Wir bitten Menschen, uns bereitwillig ihre Aufmerksamkeit zu schenken. Das Versprechen besteht darin, dass es die Mühe lohnt, denn als Gegenleistung erhalten sie die Erkenntnis oder Vorwärtsbewegung, die sie wollen.

Enrollment ist die Erlaubnis, sich intensiv mit dem Kunden auseinanderzusetzen.

Enrollment bedeutet, den Arm heben, die Augen auf die Tafel gerichtet, Notizen machen. Enrollment ist der erste Schritt auf einer Reise, auf der Sie vom Kunden lernen und er von Ihnen.

Enrollment ist gemeinsam, einvernehmlich und führt oft zu Veränderung.

Faule Marketer versuchen, Enrollment mit auffälligen Anzeigen zu kaufen. Die besten Marketer verdienen Enrollment, indem sie Menschen suchen, die die ihnen angebotene Veränderung wollen. Und sie tun es, indem sie Kontakte zwischen Menschen herstellen, die die Veränderung ebenfalls wollen.

Und diese Veränderung ist genau das, was Marketer anstreben.

Was wollen die Menschen?

Das ist vermutlich die falsche Frage.

Unterschiedliche Menschen wollen unterschiedliche Dinge.

Neophile wollen zuerst dran sein. Sie wollen Hoffnung und Möglichkeit und Magie. Sie wollen den Nervenkitzel, ob es funktioniert oder nicht. Sie wollen das Vergnügen, ihre Innovation dem Rest der Mannschaft zu zeigen. Und sie wollen die Befriedigung, bessere Arbeit schneller zu verrichten, sowie die

Perspektive, für ihre Innovation und Produktivität belohnt zu werden.

Das typische Zahnrädchen im Unternehmen dagegen möchte Ärger mit dem Chef vermeiden. Und sollte es doch Ärger geben, möchte es ein wasserdichtes Alibi haben und Verantwortung weiträumig vermeiden.

Der soziale Kreuzritter möchte einen Schimmer Hoffnung und die Chance, das Richtige zu tun.

Die Person, der Herrschen wichtiger ist als Zugehörigkeit, möchte gewinnen. Und falls sie nicht gewinnen kann, gibt sie sich vielleicht damit zufrieden, ihren Gegner verlieren zu sehen.

Das Zugehörigkeit anstrebende Gruppenmitglied möchte sich einfügen, synchron sein, das Vergnügen spüren, dass Menschen wie wir Dinge wie diese tun, ohne Gefahr zu laufen, zum Anführer ernannt zu werden.

Manche Menschen wollen Verantwortung, während andere nach Anerkennung streben. Manche von denen, denen Sie dienen wollen, wollen ein Schnäppchen, während ein paar nur zu gern mehr als nötig bezahlen, um zu beweisen, dass sie es können.

Niemand möchte sich dumm vorkommen.

Immer mehr Menschen wurden vom Versprechen der Bequemlichkeit verführt, sodass sie nicht aufmerksam sein oder sich ein Urteil bilden mussten. Andere fühlen sich leer, wenn sie keine Leistung beisteuern können.

Die Lektion: Stets wundern, stets testen und stets bereit sein, unterschiedliche Menschen unterschiedlich zu behandeln. Andernfalls werden diese Menschen jemanden finden, der es tut.

Der Supernutzer

Manche Kunden sind mehr wert als andere.

Sie haben bestimmt schon die Geschichten von Restaurants gehört, die ein Foto des örtlichen Restaurantkritikers an der Küchenwand hängen haben. Die Idee ist, wenn man den Kritiker zu

Beginn einer Mahlzeit erkennt, können Sie die Qualität eines Erlebnisses verbessern und eine bessere Kritik bekommen.

Wenn Sie das schaffen, könnte es die Mühe lohnen.

Die Sache ist nur die, dass mittlerweile jeder ein Restaurantkritiker ist. Jeder kann auf Yelp einen Kommentar posten oder anderen seine Erfahrungen mitteilen. Und deshalb, so die Überlegung, muss man alle besser behandeln, weil alle über mehr Macht verfügen. Die Rechnung geht jedoch nicht auf. Alle besser zu behandeln, ist ein bisschen so, wie alle schlechter zu behandeln – in Anbetracht Ihrer Ressourcen können Sie nicht alle noch besser behandeln, als Sie es bereits tun. Stattdessen können Sie auf das neue Normal schauen und erkennen, dass zwar alle eine Plattform haben, sie aber nicht jeder nutzt.

Obwohl jeder ein Neophiler, ein Powernutzer, ein bedeutender Mitwirkender sein *könnte*, ergreift nicht jeder diese Gelegenheit.

Sie können eine Menge über Menschen erfahren, indem Sie beobachten, was sie tun. Und wenn Sie jemanden finden, der Sie unterstützt, dann sollten Sie denjenigen auch unterstützen. Wenn Sie jemanden finden, der begierig ist, über das zu reden, was Sie tun, geben Sie ihm etwas zum Reden. Wenn Sie jemanden finden, den es juckt, ein großzügiger Anführer zu werden, dann geben Sie ihm die Ressourcen zum Führen.

Wir verfügen über die technischen Mittel, unterschiedliche Menschen unterschiedlich zu behandeln, wenn wir uns dazu entscheiden. Aber wir müssen beobachten und zuhören, um in der Lage zu sein, herauszufinden, was und wem wir es anbieten sollen.

Die Wahrheit über Kundenbeitrag

Vermarkten kostet Geld.

Es kostet Geld, beim Meeting einen Anzug zu tragen, eine Ladenfront zu haben, neue Software zu entwickeln, Artikel vorrätig zu halten, Anzeigen zu schalten, Werbung zu entwerfen und hundert andere Dinge.

Dies alles sind fixe Kosten, quer verteilt auf Ihren gesamten Kundenstamm.

Wenn Sie einmal rechnen, werden Sie etwas sehen, das in etwa wie folgt ausschaut:

Die gepunktete Linie ist der Betrag, den Sie pro Person für Marketing ausgeben. Und die Balken zeigen die Bruttomarge pro Kunde.

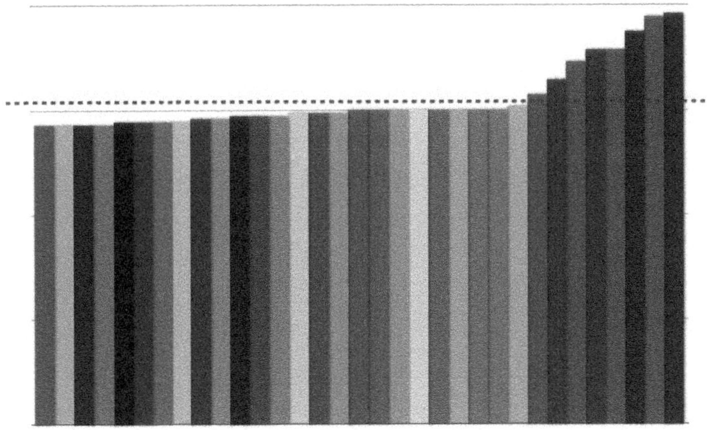

Das bedeutet, dass nur acht der Kunden in dieser Darstellung wirklich etwas zum Profit Ihres Produktes beitragen.

Die Theorie hinter dieser Darstellung trifft zu auf Bücherkäufer, Restaurantbesucher, Parteispender, Philanthropen, Briefmarkensammler und in etwa auf jede Branche, in der manche Kunden mehr ausgeben als andere.

Wenn Sie fragen: »Für wen ist es?«, muss die Antwort lauten: »Die Art von Kunden, die sich auf eine Weise bei uns einbringt, die uns am Laufen hält.«

Sie werden vielen Menschen dienen. Profitieren werden Sie von wenigen.

Die Wale zahlen für die kleinen Fische.

Es kann funktionieren. Aber um Ihre beste Arbeit zu tun, müssen Sie die wenigen ausfindig machen und begeistern. Als Gegenleistung werden Sie mit einem Stamm loyaler Kunden belohnt.

Was ist der Zweck dieser Interaktion?

Denken Sie an den wertvollen Kunden, der sich wegen eines Problems an den Kundendienst wendet.

Woher sollen wir wissen, ob er wertvoll ist? Nun, die Mitarbeiter beim Kundendienst haben eine Aufzeichnung dazu, wer angerufen oder geschrieben hat. Damit fangen wir an. Eine rasche Recherche zeigt, dass es sich um einen langjährigen Kunden handelt, der eine Menge Geld in Ihrer Bank lässt, über Sie twittert, nie etwas umtauscht, pünktlich bezahlt, Produkte mit hoher Gewinnspanne kauft und so weiter.

Wenn Sie rechnen, werden Sie sehen, dass dieser Kunde acht Mal so viel Umsatz bringt wie der Durchschnittskunde, und im Gegensatz zu den anonymen Massen, die Sie Geld kosten, ist er einer der wenigen, der das Einkommen generiert, das sich tatsächlich als Gewinn entpuppt.

Nichts davon wäre eine Innovation, wenn wir über einen Freelancer mit sechs Kunden sprechen würden. Wenn der Großkunde anruft, weiß der Freelancer sofort, was los ist.

Aber wir reden über Ihr Kreditinstitut, dasjenige, in dem die am wenigsten respektierte und am schlechtesten bezahlte Person ans Telefon geht, wenn Ihre Kunden anrufen. Oder Ihr Einzelhandelsgeschäft, wo es genauso zugeht.

In dem Moment, wenn das Telefon klingelt, worum geht es bei dieser Interaktion?

Wenn das Ziel darin besteht, es hinter sich zu bringen, die Person am Telefon loszuwerden, Verantwortung zu leugnen, sich auf den Vertrag zu berufen, Wörter wie »laut Angaben« und »unsere Firmenpolitik« zu verwenden, dann bitte, ja, machen Sie einfach weiter so, und sehen Sie zu, wie alles zusammenbricht.

Andererseits werden die Kosten, in dieser Situation menschlich zu sein, schnell abgedeckt durch den Vorteil, einen außergewöhnlichen Kunden zu begeistern.

Steigen Sie in Ihr Auto, fahren Sie quer durch die Stadt, und kreuzen Sie dort auf. Reden Sie von Angesicht zu Angesicht.

Rennen Sie hinunter zu FedEx und sorgen Sie dafür, dass die Bestellung mit der letzten Fuhre an diesem Tag noch rausgeht. Staunen und Freude bewirken viel.

Lassen Sie den CEO diesen Kunden anrufen, dem Sie aus Versehen das Dreifache berechnet haben. Diese paar Minuten werden sich auszahlen.

Mir ist klar, dass Sie das nicht für jeden Kunden tun können. Aber Sie können lernen, zu sehen und entsprechend zu handeln.

KAPITEL FÜNFZEHN

Die richtigen Menschen erreichen

Ziele, Strategie und Taktiken

Eine kurze Nebenbemerkung, bevor wir uns eingehender mit Taktiken beschäftigen.

Taktiken sind leicht zu verstehen, weil wir sie auflisten können. Sie setzen eine Taktik ein oder Sie tun es nicht.

Strategie ist amorpher. Es ist das Dach über Ihren Taktiken, die Arbeit, die die Taktiken unterstützen sollen.

Und Ihr Ziel ist das, was Ihrer Meinung nach funktioniert, wenn Ihre Strategie aufgeht.

Wenn Sie Ihrer Konkurrenz Ihre Taktiken verraten, werden die sie stehlen, und das verursacht Ihnen Kosten.

Aber wenn Sie Ihnen Ihre Strategie verraten, spielt das keine Rolle. Denn sie haben nicht den Mut oder die Beharrlichkeit, Ihre Strategie in die eigene zu verwandeln.

Ihr Ziel ist die Veränderung, die Sie in der Welt bewirken wollen. Es kann das auf sich selbst gerichtete Ziel des Geldverdienens sein, aber sehr viel wahrscheinlicher ist es die Veränderung, die Sie bei jenen bewirken wollen, denen Sie dienen.

Das Ziel ist Ihre Lichtgestalt, der unerschütterliche Zielpunkt Ihrer Arbeit.

Ihre Strategie ist der langlebige Weg, den Sie zum Erreichen Ihres Ziels anlegen. Ihre Strategie steht über den Taktiken. Eine Strategie kann sein, Vertrauen und Aufmerksamkeit zu gewinnen. Eine Strategie kann sein, als der Beste und möglicherweise als die einzige Alternative angesehen zu werden. Eine Strategie kann sein, Bündnisse und Partnerschaften zu haben, die es Ihnen und Ihrer Botschaft ermöglichen, genau die richtigen Menschen anzusprechen.

Die Art, wie Sie Geschichten, Status und Beziehung nutzen, um Spannung und Vorwärtsbewegung zu erzeugen, ist eine Strategie.

Eine Strategie bringt Sie näher an Ihr Ziel, wenn sie erfolgreich ist. Sollte sie scheitern, müssen Sie Ihre Strategie möglicherweise ändern, aber das möchten Sie nicht oft tun.

Und die Taktiken? Die Taktiken sind die Dutzende oder Hunderte von Schritten, die Sie im Namen Ihrer Strategie machen. Falls eine Taktik scheitert, ist das okay, weil eine andere ihren Platz einnehmen und die Strategie, die Sie im Kopf haben, unterstützen kann.

Sie können Taktiken in dem Moment verändern, indem Sie entscheiden, dass diese Ihnen nicht mehr dabei helfen, Ihre Strategie zu verfolgen.

Über Generationen hatte Coca-Cola ein einfaches Ziel: mehr Menschen dazu zu bringen, Coca-Cola zu trinken. Ihre Strategie bestand darin, eine riesige Menge an Anzeigen zu schalten, um den Massenmarkt zu überzeugen, dass Coke Teil der Kultur war, die sie glücklich machte – und dass alle anderen es auch trinken. Die Anzeigen wechselten ständig, denn der Inhalt einer Anzeige war eine Taktik.

Patagonias Ziel besteht darin, eine winzige Gruppe von Outdoor-Enthusiasten dazu zu bringen, an die Umwelt zu denken und diese Fürsorge zum Ausdruck zu bringen, indem sie Patagonia-Kleidung tragen. In ihren Worten: »Dies sind alles leise Sportarten. Keine braucht einen Motor; keine erzeugt das Jubeln einer Menge. Bei jeder Sportart kommt die Belohnung in Form einer hart erkämpften Gnade und den Momenten der Verbindung zwischen uns und der Natur.«

Ihre Strategie besteht darin, neu zu definieren, wie manche Menschen über Umwelteinflüsse sowie die Qualität der Kleidung denken, dieser kleinen Gruppe ein Label und ein Werkzeug zu geben, das sie nutzen kann, um ihre Vision ihren Freunden nahezubringen, Insider und Outsider zu schaffen.

Und deren Taktiken reichen vom Finden neuer Wege zum Recyceln von Kleidung, dem Unterbringen von Geschäften in Backsteingebäuden, zu Entscheidungen bezüglich Materialien, Auswahl und Preis. Wenn eine Taktik scheitert, lassen sie nicht ihre Strategie fallen, dieselbe, die sie seit 30 Jahren verfolgen.

Werbung ist ein Spezialfall, ein optionaler Motor für Wachstum

Medienunternehmen, Telekommunikationsunternehmen und Lieferservices machen alle mit derselben Sache Geld: die Aufmerksamkeit jener zu verkaufen, denen sie scheinbar dienen.

Sie können eine Anzeige in einer Zeitschrift schalten, in einem Online-Netzwerk oder mit einer Briefmarke. In allen drei Fällen werden Sie in der Lage sein, jene Menschen anzusprechen/zu unterbrechen/zu unterrichten/sich auf sie einzulassen, die der Vermittler verspricht. Jeder mit einer Briefmarke kann einen Brief schicken.

Sie müssen sich diese Aufmerksamkeit nicht verdienen, da Sie sie kaufen können.

Sie sind nicht länger der Außenseiter; nun sind Sie der Kunde. Sie haben Geld und können es nutzen, um Aufmerksamkeit zu kaufen, wann immer Sie wollen, in der Menge, die Sie sich leisten können.

Hier kommt die gute Nachricht: Wenn Sie ein Werbekonzept finden, das funktioniert, können Sie es messen. Sie können es schnell und genau messen.

Die schlechte Nachricht ahnen Sie vermutlich schon: Es ist nicht einfach, ein Werbekonzept zu finden, das funktioniert.

Das heißt nicht, dass Sie es nicht versuchen sollten, aber Sie müssen sich darüber im Klaren sein, was und warum Sie es tun.

Eine Anzeige, die niemand wahrnimmt, existiert nicht.

Eine Anzeige wird von einigen Leuten wahrgenommen, nicht von allen. Und wenn sie von den richtigen Leuten wahrgenommen wird, erzeugt sie Spannung. Die Spannung des »nicht Wissens« und »mehr erfahren Wollens«. Die Spannung, ins Hintertreffen zu geraten. Die Spannung, dass die Dinge besser werden könnten (oder schlechter).

Nahezu jede Fernsehwerbung ist schlichtweg semiotischer Lärm. Sie bestärkt den Zuschauer (»Wie im Fernsehen gesehen«), dass dies eine sichere Marke ist, eine Marke, die Sie und Ihre Peers kennen, eine Marke, die es sich leisten kann, im Fernsehen zu sein.

Dies ist eine Steuer, die Großunternehmen auf umkämpften Märkten zahlen müssen. Aber es ist nicht die Art Marketing, die alle anderen realistischerweise in Betracht ziehen sollten.

Mehr denn je, aber weniger denn je

Heutzutage schalten mehr Organisationen Anzeigen als je zuvor in der Geschichte. Aber falls Sie je den Facebook-Boost-Button gedrückt haben, dann zahlen Sie dafür, Teil dieses Anzeigengeschäfts zu sein.

Es war nie einfacher oder preiswerter, Geld dafür auszugeben, die Nachricht zu verbreiten. Sie können LinkedIn für das Privileg bezahlen, einem hohen Tier eine E-Mail zu schicken, Sie können kostenlose Online-Anzeigen für Ihr Nonprofit-Unternehmen schalten, und Sie können Ihre Konferenz oder den Kuchenverkauf bewerben.

Die Magie der Online-Werbung beinhaltet drei Elemente:

1. Sie können Menschen online konkreter erreichen als mit jedem anderen Medium. Nicht nur durch demografische Daten, sondern auch psychografische, woran die Menschen glauben und wonach sie suchen.

2. Sie können Menschen sofort erreichen. Sie können sich um 10:00 Uhr morgens entschließen, eine Anzeige zu schalten,

die dann um 10:01 Uhr bereits wahrgenommen werden kann.

3. Sie können alles messen.

Seit die Werbung schneller, preiswerter und messbarer als je zuvor ist, warum liegt der Fokus Ihres Marketings nicht darauf? Wieso ist das nicht der Anfang und das Ende der Diskussion?

Weil Online-Werbung auch die am meisten ignorierte Werbung aller Zeiten ist.

Es ist nicht ungewöhnlich, dass eine Anzeige bei 100.000 Menschen keinen einzigen Klick bekommt. Es ist nicht ungewöhnlich für eine Anzeigenkampagne, eine Weile zu laufen und schließlich eingestellt zu werden, ohne irgendeinen Einfluss auf die Kultur gehabt zu haben.

Werbung ist keine Medienpräsenz, die sich das Unternehmen verdient hat (keine Earned Media). Sie ist vielmehr gekauft und bezahlt. Und die Menschen, die Sie damit erreichen wollen, wissen das. Sie sind misstrauisch. Sie werden damit überschwemmt. Sie sind erschöpft.

Sie bezahlen den Adressaten nicht dafür, dass er die Anzeige schaltet, aber Sie wollen, dass er mit seiner Aufmerksamkeit dafür bezahlt.

Deshalb werden Sie ignoriert.

Es liegt nicht daran, dass Werbung nicht funktionieren kann. Es ist lediglich für alle die falsche Antwort, zumindest in diesem Moment.

Was kostet Aufmerksamkeit? Was ist sie wert?

Lassen Sie sich bitte nicht von der Möglichkeit kostenloser Aufmerksamkeit verwirren, einem Scheinwerfer, der Sie auf magische Weise und großzügig berühmt macht, ohne dass Sie das Geringste dafür tun müssen.

Auch »kostenlose« Reklame kostet Sie im Hinblick auf Zeit und Mühe etwas.

Aber lassen Sie uns für den Moment Anzeigen betrachten, bei denen die Gleichung von Kosten und Aufmerksamkeit klar ist.

Eine Anzeige in einem Hochglanzmagazin kostet etwa 80 Euro TKP[5]; was bedeutet, dass Sie für 80 Euro 1000 Leser erreichen (wenn man den Begriff locker gebraucht) – oder ein bisschen weniger als 10 Cent pro Person.

Eine Anzeige auf einer zweitklassigen Website kostet sie vielleicht 80 Euro, um bei 1 Million Leute zu erscheinen. Aber diese Leute werden sie überfliegen, anklicken, ignorieren und sich weder an Ihre Anzeige erinnern noch irgendetwas unternehmen.

Wer eine Anzeige kaufen will, muss sich fragen: »Was ist sie wert?«

Menschen, die Veränderungen herbeiführen wollen, sind oft in Eile, und Anzeigen zu schalten fühlt sich an wie eine Abkürzung. Aber ohne Ausdauer und Konzentration ist diese Investition verschwendet.

Markenwerbung erzeugt Magie; Direktmarketing lässt das Telefon klingeln

Lester Wunderman war der Vater des Direktmarketings. Er gab ihm einen Namen und setzte es ein, um American Express, den Columbia Record Club und hundert andere Projekte aufzubauen.

1995 bat ich Lester bei Yoyodyne mit an Bord zu sein, dem Online-Direktmarketingunternehmen, das ich gründete, bevor das World Wide Web existierte.

Lester beschrieb als Erster die Unterschiede zwischen Markenwerbung und Direktmarketing, aber nie waren seine Ideen von größerer Bedeutung als heute. Dank des Aufstiegs von Google und Facebook gibt es nun mehr Direktmarketing als je zuvor in der Geschichte.

---

5 Der Preis für 1000 Kontakte bei einer Anzeige, Anm. d. Übers.

Der Unterschied besteht darin, was passiert, nachdem die Anzeige geschaltet ist:

Direktmarketing ist handlungsorientiert. Und es wird gemessen.

Markenwerbung ist kulturorientiert. Und sie kann nicht gemessen werden.

Wenn Sie auf Facebook eine Anzeige schalten und die Klicks zählen und dann messen, wie viel davon konvertiert werden, dann betreiben Sie Direktmarketing.

Wenn Sie eine Plakatwand neben die Autobahn stellen und hoffen, dass sich die Leute an Ihr Beerdigungsinstitut erinnern, wenn das nächste Mal jemand stirbt, betreiben Sie Markenwerbung.

Es ist gut möglich, dass Ihr Direktmarketing die Kultur verändert (ein netter Nebeneffekt). Es kann gut sein, dass die Anzeigen, die Sie schalten, die Kataloge, die Sie verschicken, und die Besuche Ihrer Webseite sich aufaddieren zu einer Verschiebung in der Geschichte, die die Menschen sich selbst erzählen.

Und es ist absolut möglich, dass Ihre Markenwerbung zu ein paar Bestellungen führt (noch ein netter Nebeneffekt). Es kann gut sein, dass Ihre Plakatwand jemanden die nächste Ausfahrt nehmen und Ihnen Geld geben lässt, oder dass Ihre Förderung eines Podcasts zu jemandem führt, der Ihre Firma beauftragt.

Die Gefahr besteht darin, verwirrt zu sein.

Das außergewöhnliche Wachstum der Umsätze von Google und Facebook beruht auf nur einer Sache: Viele der Anzeigen, die bei diesen Diensten laufen, finanzieren sich selbst. Eine Online-Anzeige im Wert von 100 Euro bringt dem Werbenden 125 Euro Profit ein. Da der Werbende das weiß, kauft er mehr. Das macht er so lange, bis die Anzeigen sich nicht mehr selbst finanzieren.

Andererseits formt Markenwerbung (für Produkte wie Ford, Absolut Vodka und Palmolive) unsere Kultur über Generationen. Aber diese und zahllose andere Marken können unmöglich funktionierende Direktmarketingkampagnen aufbauen. Deshalb ist die Verschiebung zu einer messbaren Direktmarketingumgebung online stressig und gespickt mit Fehlern.

Die Herangehensweise ist hierbei genauso einfach wie schwierig: Wenn Sie Direktmarketinganzeigen kaufen, messen Sie alles. Berechnen Sie, wie viel es Sie kostet, Aufmerksamkeit zu erlangen, angeklickt zu werden, diese Aufmerksamkeit in eine Bestellung umzuwandeln. Direktmarketing ist Action-Marketing, und wenn Sie das nicht messen können, zählt es nicht.

Wenn Sie Markenwerbungsanzeigen kaufen, müssen Sie Geduld haben. Lehnen Sie es ab, zu messen. Lassen Sie sich auf die Kultur ein. Konzentrieren Sie sich unbedingt, aber seien Sie vor allem hartnäckig und geduldig. Wenn Sie es sich nicht leisten können, beharrlich und geduldig zu sein, dann geben Sie auch kein Geld für Markenwerbungsanzeigen aus.

Die beiden vorangegangenen Abschnitte sollten das Geld, das Sie für dieses Buch ausgegeben haben, wettgemacht haben. Ich hoffe jedoch, dass dies nicht das Einzige ist, was Ihre Investition lohnt, aber sogar die größten und erfolgreichsten Unternehmen übersehen, inwiefern die Verschiebung zur Online-Interaktion ihr Geschäft grundlegend verändert.

Procter & Gamble gibt Milliarden für Markenwerbung im Fernsehen für das Waschmittel Tide, Hygieneartikel von Crest und andere Marken aus. Wenn Markenwerbung im Fernsehen ersetzt wird durch digitale Direktanzeigen, bricht ihr Geschäftsmodell zusammen.

Die örtliche Pizzeria war angewiesen auf die Werbung in den Gelben Seiten. Eine große Anzeige finanzierte sich selbst, und die spezielle Telefonnummer, die der Anzeige hinzugefügt war, bewies das. Zu Yelp zu wechseln ist dagegen zeitaufwendig und fühlt sich riskant an. Keine Kontrolle, keine nachgewiesene Langzeiterfahrung.

Für viele kleinere Unternehmen ist der Wechsel von teurer, langsamer und schwer messbarer Markenwerbung zu schnellen, flexiblen und messbaren Direktanzeigen eine positive Veränderung. Aber es ist nicht einfach, wie ein Direkt-Marketer zu agieren, wenn Sie versuchen, Menschen anzusprechen, die normalerweise keine Anzeigen anklicken.

Ein einfacher Leitfaden für Online-Direktmarketing

Die Anzeige ist da, um angeklickt zu werden.

Der Klick ist da, um einen Verkauf durchzuführen oder eine Permission einzuholen.

Permission führt zum Informieren und einem Verkauf.

Das ist alles.

Jeder Schritt in diesem Prozess hat einen Preis (Sie haben beim ersten Schritt bezahlt, aber unterwegs werden Sie ein paar Leute verlieren, die aussteigen) und jeder Schritt führt Sie auch näher zum Nutzen.

Teilen Sie jedem Schritt Werte zu. Wenn das nicht geht, schalten Sie so lange keine Direct-Response-Werbung, bis es geht.

Werden einige Menschen Ihre Werbung sehen, ohne zu reagieren? Definitiv. Das ist eine Nebenwirkung, eine Kulturverschiebung, ein Bonus der Bewusstseinsbildung. Aber wenn Sie es nicht messen können, zählt es nicht.

Ein einfacher Leitfaden für Markenwerbung

Alles, was Sie tun, von der Art und Weise, wie Sie sich am Telefon melden bis zum Design Ihrer Verpackung, von Ihrem Standort bis zu den Auswirkungen Ihrer Arbeit, von der Warteschleifenmusik bis zum Verhalten Ihrer Führungskräfte und sogar, welche Styroporchips Sie für die Verpackung verwenden – alles ist eine Form von Werbung für Ihre Marke.

Sie können es nicht messen. Vielleicht fällt es Ihnen nicht einmal auf.

Dennoch spielt es eine Rolle.

Sie geben bereits Geld für Markenwerbung aus. Daran besteht kein Zweifel. Die Frage lautet: Was würde passieren, wenn Sie ein bisschen mehr ausgeben? Wenn Sie es bewusst ausgeben würden?

Wenn Sie geduldig mehr Zeit und Geld dafür ausgeben würden, die Geschichte Ihrer Marke in der Welt zu verbreiten, wie würden Sie das machen?

Sie können natürlich ganzseitige Anzeigen in der Lokalpresse schalten oder einen Werbespot auf einem Privatsender laufen lassen. Diese Art des Geldausgebens hat eine lange Tradition. Sie können in kürzester Zeit ein großes Statement abgeben. Es macht Spaß. Das erfordert keine Zustimmung von irgendjemandem, außer Ihrem Chef oder jemand anderem mit einem Budget. Das geht ruckzuck und Sie können zum morgigen Tag übergehen.

Möglicherweise ist das der beste Weg, Ihr Geld auszugeben. Ein Tennisturnier oder einen Podcast zu sponsern kann ebenfalls Wunder wirken.

Vielleicht.

Vielleicht sollten Sie auch in die Art und Weise überinvestieren, wie Ihr Team mit Kunden interagiert. Oder Sie könnten ein paar Millionen Euro für Forschung und Entwicklung ausgeben oder wieder die Schulbank drücken, um Ihre Fertigkeit zu verbessern.

Die wichtigste Lektion, die ich Ihnen über Markenwerbung geben kann, ist diese: Sie haben definitiv, zweifellos und eindeutig nicht genügend Zeit und Geld, um für jeden eine Marke aufzubauen. Das können Sie nicht. Versuchen Sie es gar nicht erst.

Gehen Sie gezielt vor.

Äußerst gezielt.

Und dann, mit diesem Wissen, überarbeiten Sie Ihre Markenwerbung. Jedes Scheibchen jeder Interaktion muss das Ganze widerspiegeln. Jedes Mal, wenn wir irgendetwas von Ihnen sehen, sollten wir eine Vorstellung vom Ganzen bekommen.

Häufigkeit

Menschen erinnern sich nicht, was sie gelesen, gehört oder auch gesehen haben. Mit ein bisschen Glück erinnern sie sich an das, was sie tun, aber auch darin sind sie nicht sonderlich gut.

Wir erinnern uns an das, was wir einüben.

Wir erinnern uns an die Dinge, die wir immer wieder sehen. Was wir immer wieder tun. Wir erinnern uns an unseren Onkel Fred, der 20 Jahre lang immer zu Weihnachten kam, aber wir erinnern uns nicht mehr an seine Kurzzeitfreundin Ethyl, die er nur einmal mitgebracht hat.

Die evolutionären Gründe, warum wir dahin gehend optimiert sind, liegen auf der Hand. Wir müssen Erinnerungen unerbittlich zurechtstutzen und am einfachsten ist das mit den Erinnerungen, die nur »Rauschen« sind.

Wir erinnern uns an die Ereignisse, von denen wir Fotos im Familienalbum haben, aber nicht an jene Veranstaltungen, von denen es keine Fotos gibt. Das hat nichts mit dem Vorgang des Fotografierens zu tun, aber alles damit, die Geschichte im Kopf wieder durchzugehen, jedes Mal, wenn wir das Foto anschauen.

Während dieser Zeit hat uns das dazu gebracht, mit den Ereignissen und Geschichten »Vertrauen« zu assoziieren, die immer wieder passieren. Das Vertraute ist normal und dem Normalen vertrauen wir.

Marketer vergessen das jeden Tag.

Weil unser Zeug anfängt uns zu langweilen. Unsere Geschichte, unsere Veränderung. Wir haben sie schon mal gehört. Wir erinnern uns an sie. Aber wir langweilen uns.

Und deshalb verändern wir sie.

Jay Levinson sagte bekanntermaßen: »Verändere nicht deine Anzeigen, wenn du sie leid bist. Verändere sie nicht, wenn deine Mitarbeiter sie leid sind. Verändere sie nicht einmal, wenn deine Freunde sie leid sind. Verändere sie nur, wenn dein Buchhalter sie leid ist.«

Das können wir noch über die Anzeigen hinaus erweitern.

Ihr ganzes Storytelling erfordert Häufigkeit. Sie probieren etwas Neues aus, geben eine Erklärung ab, testen einen neuen Markt ... und wenn es nicht sofort funktioniert, wollen Sie instinktiv aufhören und etwas anderes versuchen.

Häufigkeit lehrt uns jedoch, dass es ein reales Gefälle gibt – einen Graben zwischen dem, wenn wir anfangen, uns zu langweilen, und wann die Botschaft bei den Menschen ankommt.

Viele Menschen fangen ein Projekt an. Sie halten ein paar Vorträge, vielleicht sogar auf der TED-Bühne, und dann ziehen sie weiter zur nächsten Sache. Sie gründen ein neues Freelance-Geschäft, bekommen ein paar Kunden, dann gerät es ins Stocken und sie geben auf. Oder sie gründen eine Firma, besorgen Geld und geben es schnell aus, fahren vor die Wand, bevor sich der Erfolg einstellt.

Der Markt ist darin geübt, Häufigkeit mit Vertrauen zu verbinden (aha, ich sage es noch einmal). Wenn Sie mitten im Aufbau dieser Häufigkeit aussteigen, ist es kein Wunder, dass Sie nie die Chance bekommen, sich Vertrauen zu verdienen.

Suchmaschinenoptimierung und die Salzbergwerke

Das Google-Ökosystem basiert auf einem Mythos. Der Mythos besteht darin, dass Abermillionen von Firmen, die sich alle selbst für die Suchmaschine heranziehen, von Menschen gefunden werden, die danach suchen.

Partnerbörsen versprechen das Gleiche. Und auch die sozialen Netzwerke.

Fügen Sie sich einfach nur schön ein, befolgen alle Regeln, und wenn wir nach dem »Reifengeschäft«, »Restaurant« oder »Freiberuflichen Lektor« suchen, finden wir Sie.

Die Zahlen können das nicht bestätigen.

Es gibt Tausende Ergebnisseiten. Unter was für einem Irrglauben müssen wir leiden, um uns einzubilden, dass *wir* als erstes Suchergebnis angezeigt werden?

Wenn jemand einen Oberbegriff eingibt, kann der Weg zu uns nicht gefunden werden.

Der Weg besteht darin, jemanden zu haben, dem Sie und was immer Sie erzeugen wichtig genug ist, dass er Ihren Namen eintippt. Dass er nach Ihnen sucht und nicht allgemein nach etwas.

Klar, Sie können meinen Blog finden, indem Sie bei Google »blog« eingeben.

Ich würde Ihnen aber empfehlen, stattdessen nach »Seth« zu suchen.

Unter Suchmaschinenoptimierung versteht man Maßnahmen, die dazu dienen, dass Webseiten und deren Inhalte im organischen Suchmaschinenranking auf vorderen Plätzen erscheinen. Ein Schlosser, Hotel oder Arzt, der oder das unter den Erstgenannten ist, kann gut daran verdienen. Aber alle anderen müssen Geld für Berater ausgeben und tricksen, um irgendwie in der Rangfolge nach oben zu steigen. Die Zahlen können dieses Pyramidenschema nicht bestätigen.

Andererseits kann ein cleverer Marketer ein Produkt oder eine Dienstleistung aufbauen, das oder die die Suche lohnt. Nicht den Oberbegriff, sondern Sie, was Sie herstellen, das Konkrete. Wenn Sie das tun, ist Google auf Ihrer Seite. Es will, dass wirklich *Sie* gefunden werden, wenn jemand nach Ihnen sucht.

Der erste Schritt besteht darin, ein Produkt oder eine Dienstleistung zu schaffen, das oder die den Menschen wichtig genug ist, um konkret danach zu suchen. Bei einer Oberbegriff-Suche können Sie nicht gewinnen, wenn die Suche konkret genug ist, jedoch schon.

Und dann ist der zweite Schritt leicht nachvollziehbar: derjenige zu sein, den die Menschen finden wollen, wenn Sie sich auf die Suche begeben.

KAPITEL SECHZEHN

Der Preis ist eine Geschichte

Preisgestaltung ist ein Marketing-Tool, nicht einfach nur ein Weg, um an Geld zu kommen

Irgendwann müssen Sie den Leuten sagen, wie viel Sie für Ihre Dienstleistungen oder Ihre Produkte berechnen. Bei der Preisgestaltung müssen Sie zwei Dinge im Hinterkopf behalten.

Marketing verändert die Preisgestaltung.

Preisgestaltung verändert das Marketing.

Weil Menschen mit Ihrer Preisgestaltung Annahmen und Assoziationen verbinden und Ihre Preisgestaltung von dem geprägt wird, was die Menschen über Ihren Service annehmen, müssen Sie sich klar positionieren. Ihr Preis sollte abgestimmt sein mit den Extremen, die Sie als Teil Ihrer Positionierung beanspruchen.

Sind Sie die Art Mensch, der den preiswertesten Wein auf der Karte bestellt? Was ist mit dem teuersten?

Beachten Sie, dass keine der Fragen etwas zu dem Wein selbst aussagt. Weder über den Geschmack noch über den Wert.

Nur über den Preis.

Niemand fährt den preisgünstigsten Wagen (Sie sehen so gut wie nie einen gebrauchten Yugo auf der Straße) und nur ein paar sind dumm genug, mit einem Bugatti durch die Stadt zu fahren. Aber innerhalb dieser Extreme werden unzählige Geschichten erzählt. Geschichten, die wir uns selbst erzählen, und Geschichten, die wir unserem Umfeld erzählen.

Ein Porsche Cayenne hat keinen wahrnehmbaren Nutzen in Relation zu seinen Kosten. Es ist lediglich ein Signal, eine silberne oder rote Flagge, die wir in unserer Einfahrt und dem Theater unseres Selbstwertgefühls hoch aufhängen.

Natürlich ist der Preis mehr als nur ein Signal. Er ist auch der Motor für das Wachstum unseres Projekts, weil der Preis bestimmt, wofür wir stehen, für wen wir gestalten und welche Geschichte wir erzählen. Und Preis erzeugt (oder verhindert) Gewinnmarge und diese Gewinnspanne ist das Geld, das für unser Absatzmarketing zur Verfügung steht.

Denken Sie an den Bäcker. Wenn die Zutaten und Fixkosten für ein Brot bei 1,95 Euro bei einer vernünftigen Stückzahl liegen, können wir drei Extreme näher betrachten:

Bei einem Verkaufspreis von 2 Dollar pro Laib beträgt der Profit 5 Cent.

Bei einem Stückpreis von 2,50 Euro beträgt der Profit 55 Cent. Das ist eine elffache Steigerung, mehr als 1000 Prozent Profit pro Brotlaib.

Und bei 3 Euro je Brot machen wir mehr als 1 Euro Gewinn, mehr als 20 Mal dessen, was wir im ersten Beispiel bekommen haben.

Der Bäcker, der 2 Euro berechnet, muss 21 Laibe verkaufen für jedes Brot, das der Luxusbäcker für 3 Euro verkauft. 21 Mal so viel ist der Unterschied zwischen ein paar Kunden pro Stunde oder einer Schlange bis nach draußen.

»Aber«, sagen wir, »unsere Kunden würden lieber weniger bezahlen.«

Vielleicht. Aber wie wertschätzen sie den blitzend sauberen Laden, das zahlreiche und hilfsbereite Personal, das neue Schaubild im Schaufenster und die neuen Trikots des örtlichen Baseballteams mit unserem Logo darauf? Wie wertschätzen sie die hübsche Tragetasche, die es bei jedem Brot dazu gibt, ganz zu schweigen von den Kostproben der Butterplätzchen? Wie fühlen sie sich dabei, ihren Freunden erzählen zu können, dass sie das gleiche Brot essen, das auch in dem schicken Restaurant die Straße hinunter serviert wird?

Besser sich einmal für den Preis zu entschuldigen, als immer wieder für hundert kleine Mängel.

Preis ist ein Signal.

Unterschiedliche Preise (unterschiedliche Menschen)

Die Quäker haben das Preisschild erfunden. Bis dahin war gemeinhin akzeptiert, dass nichts einen festen Preis hatte. Alle feilschten.

Aber Macy's und Wanamaker's mussten groß werden, um riesige Geschäfte mit schlecht bezahlten Mitarbeitern aufzubauen. Es war unmöglich, ihnen allen das Feilschen beizubringen und ihnen zu vertrauen. Und so bereiteten sie der Idee der Quäker in einem anderen Maßstab den Weg.

Während das ursprüngliche Preisschild entworfen wurde, weil die Quäker es für unmoralisch hielten, verschiedenen Menschen verschiedene Preise zu berechnen, fasste es Fuß, weil Industrielle und Großunternehmen die Effizienz mochten.

Aber, wie alles andere, verändert das Internet Dinge.

Einerseits können Sie die Geschichte erzählen, dass der Preis der Preis ist.

Tesla erzählte diese Geschichte Käufern von Luxuswagen und die atmeten erleichtert auf. Aber als Uber versuchte, die Preisgestaltung der Nachfrage anzupassen, büßte ihre Marke Milliarden an Vertrauen ein.

Für die meisten Organisationen, vor allem kleine, besteht der schwierige Teil nicht im Berechnen verschiedener Preise.

Es ist das Storytelling.

Ich spreche das an, weil es ein wirkungsvoller Weg ist, die Geschichte Ihres Preises zu verstehen (und den Preis Ihrer Geschichte). Wie fühlen Sie sich, wenn Sie herausfinden, dass Sie einen Rabatt erhalten haben und sonst niemand? Wenn Sie den nun verdient haben? Wie fühlen Sie sich, wenn andere einen Rabatt bekommen haben und Sie nicht?

Was ist mit der Knappheit und der Preisgestaltung, die bei Kickstarter zum Vorgehen gehört? Treibt Sie die Angst, etwas zu verpassen, das bereits fast ausverkauft ist, zum Handeln?

»Preiswert« ist ein anderes Wort für »ängstlich«

Falls Sie keinen außergewöhnlichen, neuen Weg gefunden haben, Ihre Dienstleistung oder Ihr Produkt abzugeben, dann bedeutet das Wettrennen, der Preiswerteste zu sein, dass Sie nicht ausreichend in die Veränderung investieren.

Wenn Sie der Preisgünstigste sind, versprechen Sie keine Veränderung. Sie versprechen das Gleiche, nur preiswerter.

Der Unterbietungswettbewerb ist verlockend, denn nichts verkauft sich leichter als preiswerter. Das erfordert keine neuen Kalkulationen oder tiefschürfendes Nachdenken aufseiten Ihres Kunden. Es ist nicht kulturell und nicht emotional. Es ist einfach preiswerter.

Der Tiefstpreis ist die letzte Zuflucht eines Marketers, dem die guten Ideen ausgegangen sind.

Und was ist mit kostenlos?

Wenn Marketing mit und für den Kunden praktiziert wird, warum dann nicht alles kostenlos machen?

Zwei Gründe:

1. Sich auf eine Transaktion einzulassen ist grundsätzlich etwas anderes als einem offenkundig wertlosen (oder zumindest preislosen) Objekt zu begegnen, das kostenlos geteilt wird. Knappheit, Spannung und Enrollment gehören zu einer Kaufentscheidung und der Marketer opfert alle drei, wenn ein Kauf gratis ist.

2. Ohne Cashflow können Sie nicht in Ihr Produkt, Ihr Team oder Ihr Marketing investieren.

Aber kostenlos lohnt aus anderen Gründen und in anderen Situationen das Überdenken.

Kostenlos ist nicht einfach ein Cent weniger als ein Cent, ein Euro weniger als ein Euro. Es ist eine völlig andere Art der Transaktion, denn wie beim Teilen durch Null skaliert es bis Unendlich.

Eine Gratisidee verbreitet sich sehr wahrscheinlich eher und schneller als eine an Geld gebundene Idee.

Wenn die Nutzung von Facebook monatlich 2 Euro kosten würde, hätte es weniger als eine Million Nutzer angezogen.

Wenn es Geld kosten würde, sich im Radio Hits anzuhören, würden die Top 40 verschwinden.

Und doch …

Wir wissen nicht, wovon wir leben sollen, wenn wir alles kostenlos weggeben.

Der Weg aus diesem Paradoxon heraus besteht im Kombinieren von zwei Angeboten, die miteinander gekoppelt sind:

- Gratisideen, die sich verbreiten.
- Teure Ausführungen jener Ideen, die es lohnen, bezahlt zu werden.

Wenn ein Koch seine Rezepte weitergibt oder in einem Podcast erscheint oder ein Online-Seminar durchführt, gibt er seine Ideen kostenlos weg. Es ist einfach, sie zu finden, sie häufig zu gebrauchen und weiterzugeben.

Wenn Sie dieses Nudelgericht jedoch serviert auf Porzellan auf einer weißen Tischdecke in seinem Restaurant essen wollen, kostet Sie das 24 Euro.

Wenn ein Lied im Radio gratis angehört werden kann, das Konzertticket aber 84 Euro kostet, kann der Künstler vergütet werden.

Das Porzellan und das Ticket sind Souvenirs von Ideen und Souvenirs sollen teuer sein.

Es gibt zahllose Wege für Sie, Ihre Vision mitzuteilen, Ihre Ideen, Ihre digitale Ausdrucksform, Ihre Fähigkeit zu Bindung – kostenlos.

Und jeder davon schafft Bewusstsein, Permission und Vertrauen, was Ihnen eine Plattform für den Verkauf des Produktes anlegt, für das zu zahlen es sich lohnt.

Vertrauen und Risiko, Vertrauen und Kosten

Rational ist, zu glauben, dass wir erst eine Vertrauensbasis herstellen, bevor wir uns auf riskante Transaktionen einlassen.

Genauso rational ist die Erwartung, dass die Menschen mehr Vertrauen wollen, bevor sie eine Menge Geld ausgeben (eine Form von Risiko). Oder Zeit und Mühe investieren.

Sehr oft trifft jedoch das Gegenteil zu.

Die Tatsache, dass die Transaktion riskant ist, löst Kognitive Dissonanz aus. Wir saugen uns ein Gefühl von Vertrauen genau aus dem Grund aus den Fingern, weil wir viel ausgeben. »Ich bin eine clevere Person und es wäre clever, sicher zu sein, dass ich jemandem vertraue, bevor ich meine ganzen Ersparnisse (oder mein Leben) investiere, deshalb muss ich dieser Person vertrauen.«

Dafür ist ein Boot Camp da. Die hohen Kosten der Teilnahme (Blut, Schweiß und Tränen) bringen uns dazu, mit der Gruppe verbunden zu sein.

Deshalb verändern sich Menschen bei Outward Bound.

Deshalb können Spitzenrestaurants und -hotels schlechte Kritiken überleben.

Wenn Menschen stark in etwas investiert sind (mit Geld, Ansehen oder Mühe), denken sie sich oft eine Geschichte aus, um Ihr Engagement zu rechtfertigen. Und diese Geschichte bringt Vertrauen mit sich.

Jeder Betrüger weiß das. Die Ironie besteht darin, dass Marketer, denen man vertrauen muss, das oft nicht verstehen.

Ihren Preis zu senken macht Sie nicht vertrauenswürdiger. Im Gegenteil.

Seien Sie großzügig mit Veränderung und mutig mit Ihrem Geschäft

Großzügigkeit im Hinblick auf kostenlose Arbeit, ständige Rabatte und jeder Menge unbezahlter Überstunden ist nicht wirklich großzügig. Weil Sie das nicht aufrechterhalten können. Weil Sie schon bald Ihre gegebenen Versprechen brechen werden.

Wenn Sie dagegen mit Ihrem Mut, Ihrem Einfühlungsvermögen und Ihrem Respekt Großzügigkeit an den Tag legen, so ist das wirklich großzügig.

Was Ihre Kunden von Ihnen wollen, ist, dass es Ihnen wichtig genug ist, sie zu ändern.

Spannung zu erzeugen, die Vorwärtsbewegung auslöst.

Emotionsarbeit zu leisten, die sie öffnen wird für das, was möglich ist.

Und wenn Sie dafür viel berechnen müssen, ist es dennoch ein Schnäppchen.

Fallstudie: Kein Trinkgeld bei der *Union Square Hospitality Group (USHG)*

Über ein Jahrzehnt hatte das Union Square Café im *New Yorker Zagat's*-Führer die besten Bewertungen von allen.

Im Laufe der Jahre fügte die Firma, die das Café betrieb, ein Dutzend weitere sehr angesehene Restaurants rund um New York hinzu (und gründete nebenbei Shake Shack, den Milliarden-Dollar-Ableger) als Teil der Union Square Hospitality Group (USHG).

2016 überraschten sie viele Gäste damit, dass sie das Trinkgeld abschafften.

Statt Trinkgeld anzunehmen, erhöhte USHG die Preise um 20 Prozent. Den zusätzlichen Ertrag verwendeten sie für Elternzeit, anständige Stundenlöhne und die Chance, ihr Team als Profis zu behandeln. Diese Verschiebung bedeutet, dass die Menschen im hinteren Teil des Hauses (die tatsächlich Ihr Essen kochen) besser bezahlt werden, und es bedeutet, dass die Kellner einen Anreiz haben, zusammenzuarbeiten, Schichten zu tauschen, zu arbeiten, wie es ein Arzt, Pilot oder Lehrer tun würde – für die Arbeit und nicht für ein Trinkgeld.

Das ist herausragende Führungsfähigkeit, birgt jedoch eine Masse an Marketingproblemen.

Wie kommunizieren Sie einem Stammkunden die Preiserhöhung und das Abschaffen des Trinkgelds, jemand, der die Wahrnehmung einer speziellen Beziehung schätzt, weil er sich als überdurchschnittlichen Trinkgeldgeber sieht?

Wie kommuniziert man das einem Touristen, der die Preise auf der Speisekarte online vergleicht, bevor er einen Tisch reserviert und nicht weiß, dass das in den Preisen beinhaltete Trinkgeld das Restaurant wesentlich preiswerter macht, als es scheint?

Wie kommuniziert man das der Belegschaft, vor allen den Kellnern mit den höchsten Trinkgeldeinnahmen, die nun fürchten, dass ihr Lohn schrumpft?

Was für eine Veränderung ist das und für wen?

Eine der großen Erkenntnisse besteht darin, dass eine Veränderung wie diese nicht jedermanns Sache ist. So haben zum Beispiel manche Gäste großen Spaß an dem Status, den sie erlangen, indem sie reichlich Trinkgeld geben. Sie tun es mit einer überschwänglichen Geste, und für jemandem, dem es finanziell sehr gut geht, ist es ein preisgünstiges Vergnügen. USHG kann dieses Vergnügen nicht länger bieten. »Das ist nichts für Sie, sorry.«

Andererseits stellt ein Gast, der nach Zugehörigkeit als Form von Status sucht, möglicherweise fest, dass sich ein ehrlich gemeintes Dankeschön sehr viel besser anfühlt als die Sorge, zu wenig oder zu viel Trinkgeld zu geben.

Besser noch: Einem Gast, dessen Weltanschauung sich um Fairness und Achtung dreht, fällt es nun noch schwerer, Kunde anderer Restaurants zu sein. In Anbetracht der Entscheidung zwischen einem Restaurant, in dem die Mitarbeiter engagiert sind, fair behandelt werden und mit Würde arbeiten – oder einem, in dem die Hierarchie all diese Dinge untergräbt – fällt es leichter, Stammkunde in einem Restaurant zu werden, das stolz im Einklang mit Ihrer Weltanschauung ist.

In einem Restaurant zu essen ist selten ein Solo-Unterfangen. USHG bietet Gastgebern die Chance, durch Virtue Signalling (die demonstrative Zurschaustellung von Tugend und Moral) Status zu erlangen. Sie geben Gästen eine Geschichte darüber, wie die kleine Aktion des Aussuchens eines Restaurants das Zahnrad auf einem sehr viel höheren Komplex einrasten lässt, bei dem es um ethnische Abstammung, Geschlecht und Einkommensunterschiede geht.

Diese Geschichte ist nicht jedermanns Sache, aber für die richtigen Leute münzt sie die Erfahrung um.

Für wen ist es, wofür ist es und inwiefern ändert sich der Status? *Was werde ich den anderen erzählen?*

KAPITEL SIEBZEHN

Permission und Aufmerksamkeit in einem positiven Zyklus

Permission ist erwartet, persönlich und relevant

Vor mehr als 20 Jahren erzählte ich in meinem Buch *Permission Marketing* vom Beginn einer Revolution.

Es geht um Aufmerksamkeit. Knappe Aufmerksamkeit.

Marketer haben sie gestohlen, missbraucht und verschwendet.

Spam war kostenlos, also spammen wir noch ein bisschen mehr. Spam, Spam, Spam.

E-Mail-Spam natürlich, aber auch alle anderen Arten von Spam. Ständige Bemühungen, unsere Aufmerksamkeit und kostbare Zeit zu stehlen, die wir nicht zurückbekommen können.

Es gibt eine Alternative. Das Privileg, erwartete, persönliche und relevante Botschaften an die Menschen zu senden, die sie haben wollen.

Kaum vorstellbar, aber das war strittig. Ich wurde deshalb aus der Direct Marketing Association geworfen.

Was ich vor 20 Jahren gesehen habe, war, dass Spam nicht funktioniert. Dass Aufmerksamkeit wirklich kostbar war und egoistische Marketer aufhören mussten, etwas zu stehlen, von dem Menschen nicht mehr produzieren konnten.

Mein Team und ich entwickelten um diese Idee herum eine Firma. Und schließlich verschickte, empfing und verarbeitete Yoyodyne mehr E-Mails als irgendjemand sonst auf diesem Planeten … und wir tun es mit der aktiven Erlaubnis (Permission) jeder Person, mit der wir zu tun haben. Unsere Öffnungsraten lagen bei über 70 Prozent, und unsere E-Mails hatten eine durchschnittliche Reaktionsrate von 33 Prozent.

Das entspricht etwa 1000 Mal der Rate einer typischen kommerziellen E-Mail, die im Jahr 2018 verschickt wurde.

Bevor Sie für Anzeigen bezahlen, lange vorher, sollten Sie mit der Idee beginnen, sich diesen Vorteil zu verdienen. Das Privileg, mit Menschen zu sprechen, die Sie vermissen würden, wenn Sie fort wären.

Permission Marketing erkennt die neue Kraft der besten Konsumenten an, Marketing zu ignorieren. Es erkennt an, dass das Behandeln von Menschen mit Respekt der beste Weg ist, um Aufmerksamkeit zu erlangen.

Aufgepasst! ist hierbei eine Schlüsselformulierung, weil Permission Marketer verstehen, wenn sich jemand entscheidet, aufmerksam zu sein, dass er Sie dann tatsächlich mit etwas Wertvollem bezahlt. Und auf keinen Fall können sie ihre Aufmerksamkeit zurückbekommen, wenn sie sich anders entscheiden. Aufmerksamkeit wird zu einem wichtigen Kapital, etwas, das wertgeschätzt und nicht verschwendet werden soll.

Echte Permission unterscheidet sich von vermuteter oder gesetzlicher. Nur weil Sie irgendwie an meine E-Mail-Adresse gekommen sind, haben Sie noch lange nicht die Erlaubnis, sie zu nutzen. Nur weil ich mich nicht beschwere, heißt das nicht, dass Sie die Erlaubnis haben. Nur weil es im Kleingedruckten Ihrer Firmenpolitik steht, ist es nicht automatisch eine Erlaubnis.

Echte Permission funktioniert so: Wenn Sie plötzlich nicht mehr auftauchen, machen die Menschen sich Sorgen. Sie fragen, wohin Sie verschwunden sind.

Permission ist wie ein Rendezvous. Sie fragen auch nicht beim ersten Eindruck nach der Vertragsunterzeichnung. Stück für Stück verdienen Sie sich im Laufe der Zeit das Recht.

Einer der Schlüsselfaktoren von Permission Marketing, zusätzlich zur Knappheit von Aufmerksamkeit, sind die außergewöhnlich niedrigen Kosten des Eingehens einer Verbindung mit anderen Menschen, die von Ihnen hören wollen. Tropfen für

Tropfen, Nachricht für Nachricht. Jeder Kontakt ist praktisch gratis.

RSS und E-Mail und andere Techniken bedeuten, dass Sie sich nicht jedes Mal Gedanken über Briefmarken oder Käufe von Werbeanzeigen machen müssen, wenn Sie etwas zu sagen haben. Lieferung ins Haus ist die Rache des Milchmanns: die Essenz der Permission.

Facebook und andere soziale Plattformen wirken wie eine Abkürzung, weil sie es dem Anschein nach so einfach machen, neue Menschen anzusprechen. Aber der Tausch besteht darin, dass Sie ein Teilpächter sind. Es ist nicht Ihr Gebiet. Sie haben nicht die Erlaubnis, Menschen zu kontaktieren; die tun es. Ihnen gehört kein Kapital, denen schon.

Jeder Verleger, jedes Medienunternehmen, jeder Autor von Ideen muss ein Erlaubniskapital besitzen, das Privileg, Menschen ohne Mittelsmänner direkt anzusprechen.

Permission muss nicht formell sein, aber offensichtlich. Mein Freund hat die Erlaubnis, mich anzurufen, wenn er sich 5 Euro leihen muss. Aber die Person, die Sie bei einer Messe treffen, darf Ihnen nicht ihren gesamten Lebenslauf anpreisen, auch wenn sie für den Eintritt bezahlt hat.

Abonnements sind ein offenkundiger Akt der Erlaubnis. Deshalb sind Abonnementen von Zeitungen oder Zeitschriften so wertvoll, mehr als Leser, die sich ihre Zeitung am Kiosk kaufen.

Um die Erlaubnis zu bekommen, geben Sie ein Versprechen ab. Sie sagen: »Ich werde x, y, z tun; Ich hoffe, Sie erteilen mir die Erlaubnis durch Zuhören.« Und dann – das ist der schwierige Teil – tun Sie sonst nichts. Sie nehmen nicht an, dass Sie mehr tun können. Sie verkaufen nicht die Liste oder leihen die Liste aus oder verlangen mehr Aufmerksamkeit. Sie können einen Newsletter versprechen und mich jahrelang kontaktieren, Sie können einen täglichen RSS Feed versprechen und mich alle drei Minuten kontaktieren, Sie können ein tägliches Verkaufsgespräch versprechen (wie es der Internethändler Woot macht). Aber das Versprechen bleibt ein Versprechen, bis beide Seiten zustimmen, es zu verändern. Sie nehmen nicht an, dass Sie das Recht haben, dieses zu brechen, nur weil Sie für das Amt des Präsidenten kandidieren, oder das Quartalsende naht oder Sie ein neues Produkt einführen. Das haben Sie nicht.

Permission muss kein Einbahnstraßen-Broadcast-Medium sein. Das Internet bedeutet, dass Sie unterschiedliche Menschen unterschiedlich behandeln können, und es verlangt, dass Sie herausfinden, wie Sie Ihre Erlaubnisgeber wählen lassen, was sie hören und in welchem Format.

Wenn sich das so anhört, als bräuchten Sie für Permission Marketing Demut und Geduld, dann liegen Sie richtig. Deshalb betreiben es auch so wenige Unternehmen anständig. In diesem Fall ist die beste Abkürzung gar keine Abkürzung.

Wie viele Menschen würden anfragen und sich wundern (oder beschweren), wenn Sie nicht den nächsten Stoß E-Mails rausschicken? Das ist eine Kennzahl, die es zu messen und zu steigern lohnt.

Sobald Sie die Permission haben, können Sie informieren. Sie haben das Enrollment. Sie können sich die Zeit nehmen und eine Geschichte erzählen. Tag für Tag, Tropfen für Tropfen, können Sie sich auf die Menschen einlassen. Reden Sie nicht nur auf sie ein; kommunizieren Sie die Information, die sie haben wollen.

Kurz nach dem Erscheinen von *Permission Marketing* startete Dany Levy einen E-Mail-Newsletter namens DailyCandy, der den Lesern Informationen über angesagte und trendige Events und Unternehmen in ihrer Stadt bot. Dieses Kapital war so wertvoll, dass sie es am Ende für mehrere Hundert Millionen Dollar verkaufte.

Und jeder Podcaster hat ein Kapital wie dieses, eine Abonnementenbasis, die sich regelmäßig die neueste Show anhört.

Und jeder erfolgreiche Politiker hat ein Kapital wie dieses, eine Gruppe aktivistischer Wähler, die begierig ist, die nächste Rede zu hören und mitzuteilen oder zu handeln.

Beschützen Sie das. Sollte jemand damit durch die Tür hinausmarschieren, feuern Sie ihn. Auch wenn jemand aus Ihrem Team die Liste spamt, nur um eine Zahl nach oben zu treiben.

Verdienen Sie sich Ihre eigene Permission und besitzen Sie sie

Wenn wir eine Social-Media-Plattform nutzen, weil diese viele Nutzer hat, bauen wir nicht wirklich ein Kapital auf.

Natürlich, momentan können Sie Ihre Follower über diese Plattform erreichen. Aber mit der Zeit verdient die Plattform Geld, indem sie es Ihnen berechnet und nicht, indem es seine Arbeit weggibt.

Also müssen Sie einen Post boosten. Oder sich Sorgen darüber machen, was passiert, wenn die Plattform versucht, ihren Aktienkurs anzuheben.

Wenn Permission im Zentrum Ihrer Arbeit steht, verdienen Sie es sich und behalten Sie es. Kommunizieren Sie nur mit denen, die sich dazu entscheiden, von Ihnen zu hören. Die einfachste Definition von Permission sind die Menschen, die Sie vermissen würden, wenn Sie sie nicht ansprechen.

Das sollten Sie besitzen, nicht mieten.

Tuma Basa und RapCaviar

Spotify engagierte 2015 den Musik-Tastemaker Tuma Basa als Konkurrenz für Apples neue Initiative bei DJ-kuratierten Playlists. Basa übernahm die Playlist RapCaviar und innerhalb von Monaten hatte diese mehr als drei Millionen Abonnenten. Diese Hörer gaben Spotify (und Basa) die Erlaubnis, neue Musik mit ihnen zu teilen.

Innerhalb von drei Jahren brachte er die Playlist auf neun Millionen Hörer.

Er baute das wichtigste Kapital im Musikgeschäft auf. Größer als jeder Radiosender. Wichtiger als jede Zeitschrift.

Wenn Basa einen neuen Künstler porträtierte, wurde der zum Superstar. Jeden Freitagmorgen wird die Playlist aktualisiert und bis zum Abend hat sich die Landschaft der Hitmusik verändert.

Spotify muss kein Frequenzspektrum oder eine Zeitschrift besitzen. Ihnen gehört stattdessen Erlaubniskapital. Permission, Aufmerksamkeit und Enrollment kurbeln den Handel an.

Mit Großzügigkeit aufwarten

Wie bekommen Sie überhaupt erst die Permission? Wie treten Sie in Kontakt mit Menschen, die mehr von Ihnen hören möchten?

Die Weltanschauung derer, denen neue Dinge wichtig sind (die Neophilen) treibt sie dazu, nach neuen Stimmen, Ideen und Möglichkeiten Ausschau zu halten. In Ihrem Markt gibt es nicht viele dieser Menschen, aber vielleicht genug.

Als Marvel eine neue Superhelden-Franchise einführen wollte, begann man nicht mit landesweiten Fernsehspots. Stattdessen gingen sie auf die San Diego Comic-Con.

Die Comic-Con hat Permission. Permission von rasenden Fans, neophilen Fans, neue Ideen loszubrechen, ihnen zu helfen, die nächste große Sache zu finden.

Das ist der Ort, um *Deadpool* zu lancieren. Nicht mit einer Verkaufsveranstaltung, sondern mit Großzügigkeit.

Eine besondere kommende Attraktion.

Ein Interview mit dem Regisseur.

Waschechte Neuigkeiten.

Es dauert noch ein Jahr, bis der Film herauskommt. Sie sind nicht hier, um Karten zu verkaufen. Sie sind hier, um Permission zu verdienen. Im Laufe der Zeit Aufmerksamkeit zu erringen, das Privileg, Ihre Geschichte Menschen zu erzählen, die sie hören wollen.

Es ist vor allem ein Signal. Eine Art, dem Kern der Gruppe zu erzählen, dass Aufmerksamkeit gewidmet wurde, und dass dies die Art von Sache ist, über die Menschen wie wir im nächsten Jahr reden werden.

Es spielt keine Rolle, dass auf der Comic-Con nur ein geringer Prozentsatz des Filmmarktes vertreten ist. Wichtig ist die Qualität

Ihrer Geschichte und die Tiefe Ihres Einfühlungsvermögens und Ihrer Großzügigkeit.

Und dann, wenn Sie es richtig gemacht haben, wird sich die Nachricht verbreiten.

Transformieren Sie Ihr Projekt, indem Sie außergewöhnlich sind

Es ist nahezu unmöglich, Ihre Nachricht unmittelbar zu verbreiten. Zu teuer, zu langsam. Individuen zu finden, ihr Muster zu unterbrechen, Enrollment zu bekommen, von einem nach dem anderen ... das ist eine einschüchternde Aufgabe.

Die Alternative besteht darin, bewusst ein Produkt oder eine Dienstleistung zu erschaffen, welche(s) die Menschen für lohnend genug halten, um darüber zu reden.

Ich nenne das die Lila Kuh.

Denken Sie jedoch daran, dass nicht Sie, der Schöpfer, entscheiden, ob etwas außergewöhnlich ist. Sie können Ihr Bestes geben, aber letztlich entscheiden nicht Sie, sondern der Nutzer.

Wenn sie es kommentieren, ist es bemerkenswert.

Wenn sie es kommentieren, verbreitet sich die Nachricht davon.

Wenn die Gespräche Ihre Botschaft voranbringen, dann werden sich andere auf Ihre Idee einlassen und der Prozess geht weiter.

Leichter gesagt als getan.

Sie müssen es bewusst tun, es tief in das Produkt oder die Dienstleistung einbauen.

Das bedeutet, dass erfolgreiche Marketer auch verantwortlich sind für Kundenerfahrung.

Beleidigend/kindisch/zwingend/egoistisch ist nicht dasselbe wie lila

Viel zu oft greifen ungeduldige Marketer zu Tricks. Tricks entspringen dem Egoismus.

Sie erweisen Menschen einen Dienst, wenn Sie Dinge verbessern und es erleichtern, darüber zu reden. Der beste Grund, warum jemand über Sie spricht, ist der, dass sie tatsächlich über sich reden: »Schau, was für einen guten Geschmack ich habe.« Oder vielleicht: »Schau, wie gut ich darin bin, wichtige Ideen zu entdecken.«

Wenn wir Sie dagegen kritisieren, zensieren, darüber sprechen, dass Sie eine Grenze überschritten haben, tun wir das, um unseren Freunden und Nachbarn ein Signal zu senden. Dass man Sie meiden soll, dass Sie alles nur noch schlimmer machen. Es beeindruckt uns nicht, wie viel Geld Sie ausgeben, welche Grenzen Sie überschreiten oder wie wichtig Ihnen die Arbeit ist.

Nein, wir verbreiten die Nachricht, wenn es uns nützt, unserem Geschmack, unserem Ansehen, unserem Wunsch nach Neuem und Veränderung.

Die *Fight Club* Regeln außer Kraft setzen

Chuck Palahniuk schrieb, dass die oberste Regel des Fight Clubs darin bestehe, nicht über den Fight Club zu sprechen.

Sobald die richtige Art von Figur (Weltanschauung!) in dem Roman von dem Fight Club hörte, war diese Regel eine Einladung, über den Fight Club zu sprechen. Und als dieser wuchs, nahmen auch die Gespräche zu. Wieder einmal das Metcalfesche Gesetz.

Die Anonymen Alkoholiker sind eine riesige Organisation. Und die ist wohl kaum anonym. In das Verhalten eines aktiven Mitglieds eingebaut wird die Haltung, dass wir im Zweifel über AA reden, denn das Reden darüber ist ein großzügiger Akt. Es ist ein Scham-Killer. Es ist ein Rettungsfloß. Es ist eine Gemeinschaft der Verbundenheit, die Gelegenheit, für andere das zu tun, was für einen selbst getan wurde.

Ideen reisen jetzt horizontal: von Mensch zu Mensch, nicht von Organisation zu Kunde. Wir beginnen mit dem kleinstmöglichen Kern und geben ihnen etwas, um darüber zu reden, und einen Grund, um das zu tun.

Es ist unsere Entscheidung, was wir vermarkten wollen. Wenn man über die Veränderung, die Sie anstreben, nicht reden kann, sollten Sie sich vielleicht eine andere lohnenswerte Veränderung suchen.

Für die Bekehrung gestalten

Einige Mitglieder der AA erzeugen bei Nichtmitgliedern Spannung. Bereitwillig (und großzügig) wenden sie sich an Menschen mit einem Alkoholproblem und bieten Hilfe an.

Gesellschaftlicher Druck hat uns krank gemacht, denken sie vielleicht, und gesellschaftlicher Druck kann dafür sorgen, dass es uns wieder besser geht.

Bekehrung ist schwierig. Bei einem Kollegen oder Freund Spannung zu erzeugen, ist risikobehaftet. Und vermeiden ist leichter.

Die schwierige Arbeit für Ihre angestrebte Veränderung beginnt damit, Bekehrung in den Stoff dessen einzuweben, was Sie gestalten. Die Menschen werden die Nachricht nicht verbreiten, weil sie Ihnen wichtig ist. Das tun sie nur, wenn es für sie wichtig ist. Weil es ihre Ziele voranbringt, weil es ihnen erlaubt, sich selbst eine Geschichte zu erzählen, auf die sie stolz sind.

KAPITEL ACHTZEHN

Vertrauen ist genauso rar wie Aufmerksamkeit

Was ist Täuschung?

Das Internet gedeiht auf Zugehörigkeit. In seinem Kern ist es die Magie, die Peer-to-Peer-Verbindungen entspringt.

Aber die Kräfte, die Herrschaft statt Zugehörigkeit bevorzugen, empfinden das als Bedrohung. Und sie erzeugen Wellen des Misstrauens gegen die Stimmen und Kanäle, um die herum wir unser kulturelles Vertrauen aufbauen.

Und leider haben außerdem das offene Fehlverhalten und die Gier vieler Säulen, auf die wir zählen, den Nutzen des Zweifels zerstört, den wir jenen entgegenbringen möchten, nach denen wir zwecks Führung Ausschau halten.

Das Ergebnis ist ein Zeitpunkt, an dem *mehr Menschen miteinander verbunden sind und weniger Menschen vertraut wird,* wenn Wissenschaft und Fakten häufig in eine Mischung von bewusster Fehlinterpretation und übereilten Missverständnissen geworfen werden. Wir sollen keinen spirituellen Institutionen trauen, den Mainstream-Medien, Politikern, sozialen Netzwerken und nicht einmal der Person die Straße herunter.

Fügen Sie das dem Missklang des Marketingrauschens (mit weniger Signal als je zuvor) und dem Vorherrschen von Täuschungen und Schwindel hinzu, und das Vertrauen ist in Gefahr.

Wem und was wird vertraut?

In diesem Vakuum von Misstrauen finden sich Marketer auf einem der drei folgenden Wege wieder:

Ignoriert

Herumschleichend

Vertrauen genießend

Wenn Sie ignoriert werden, können Sie nicht viel erreichen, denn zusätzlich zum Mangel an Vertrauen erringen Sie auch keine Aufmerksamkeit.

Wenn Sie herumschleichen, vorgeben, etwas zu sein, während Sie ganz anders handeln, können Sie vielleicht ein bisschen Aufmerksamkeit stibitzen und ein bisschen unechtes Vertrauen gewinnen, aber das wird nicht halten.

Die dritte Methode – Vertrauen – ist die einzige, die sich bei der erforderlichen Investition auszahlt. Und es ist angenehm, dass es sich damit auch am einfachsten lebt.

Ein vertrauenswürdiger Marketer verdient Enrollment. Er kann ein Versprechen abgeben und es halten, sich noch mehr Vertrauen verdienen. Er kann eine Geschichte erzählen, ununterbrochen, weil mit dem Vertrauen auch die Aufmerksamkeit kommt. Diese Geschichte verdient noch mehr Enrollment, was wiederum zu Versprechen führt und dann noch mehr Vertrauen. Und vielleicht, wenn die Geschichte gut organisiert ist und Anklang findet, führt das zu Mundpropaganda, zu Peer-to-Peer-Gesprächen, die das Herz unserer Kultur sind.

Der Nutzen des Zweifels ist kein Mythos. Es gibt jede Menge Zweifel und Sie werden wahrscheinlich nicht davon profitieren. Erst, wenn Menschen auch dorthin gehen, wo sie ihrer Meinung nach hingehen, wenn ihre Identität und ihr Status bereits auf dem Spiel stehen – dann erst bekommen Sie den Nutzen.

Und dann tritt die Veränderung ein.

Das Vertrauen des Handelns

In einer Welt, die scannt, statt zu lesen, und die tratscht, statt zu recherchieren, zeigt sich, dass Handeln der beste Weg zum Gewinnen von Vertrauen ist.

Wir erinnern uns noch lange an das, was Sie getan haben, nachdem wir Ihre Worte bereits vergessen haben.

Wenn wir nach Rückerstattung für ein defektes Produkt gefragt haben, was taten Sie dann? Wenn Sie unsere Daten verloren hatten, was taten Sie? Als Sie die Fabrik schließen mussten und unsere Jobs auf dem Spiel standen, was taten Sie?

Marketer verbringen viel Zeit mit Reden und der Arbeit daran, was wir sagen werden. Wir müssen viel mehr Zeit mit *Machen* verbringen.

Reden bedeutet, sich auf das Halten einer Pressekonferenz für die Massen zu konzentrieren.

Nicht zu reden bedeutet, sich auf das zu konzentrieren, was Sie tun, wenn niemand zuschaut, einer nach dem anderen, Tag für Tag.

Berühmt innerhalb der Gruppe

Ruhm erzeugt Vertrauen, zumindest in unserer Kultur.

Jeder ist berühmt bei 1500 Menschen.

Manche Menschen sind es sogar bei 3000.

Und das ist ein faszinierendes Phänomen. Wenn es 3000 oder 10.000 oder 500.000 Menschen gibt, die Sie für berühmt halten … verändert das die Dinge. Nicht einfach nur, weil sie von Ihnen gehört haben, sondern weil Menschen, denen sie vertrauen, auch von Ihnen gehört haben.

Wenn Sie ein Unternehmensberater, ein Designer oder ein Erfinder sind, so ist es viel, bei den richtigen 3000 Menschen berühmt zu sein.

Das Ziel besteht nicht darin, Ihre Social-Media-Zahlen zu maximieren. Das Ziel besteht darin, dem kleinsten profitablen Publikum bekannt zu sein.

Public Relations und Bekanntheitsgrad

Für gewöhnlich streben Marketer nach Bekanntheit. Sie wollen Werbeclips. Rezensionen. Informieren. Wenn Sie ein Public-Relations-Unternehmen beauftragen, werden Sie sehr viel wahrscheinlicher einen Publizisten engagieren.

Und tolle Publicity ist gut, wenn Sie sie bekommen können – wieso nicht?

Aber was Sie vermutlich mehr brauchen als Publicity ist Public Relations – Beziehungspflege.

Public Relations ist die Kunst, Ihre Geschichte den richtigen Leuten auf die richtige Weise zu erzählen. Sie wendet bewusst dem Bekanntheitsgrad den Rücken zu, der um jeden Preis gedruckt werden will (»Solange sie meinen Namen richtig schreiben«) als Gegenleistung für das Vertrauen des Marketers, für eine Idee einen Motor zu erschaffen.

Das Rennen um einen Hauch Berühmtheit hat begonnen und es wird durch die vom Internet erlaubten sozialen und gruppenbezogenen Verbindungen befeuert. Wir zollen dem Berühmtsein viel Vertrauen und Anerkennung, aber nun gibt es sehr viel mehr Berühmtheiten. Irgendwann ist jeder einmal berühmt, das wird verblassen, aber momentan sind Vertrauen und der Nutzen des Zweifels, den wir der Berühmtheit gegenüber aufbringen, ziemlich wertvoll.

KAPITEL NEUNZEHN
Der Trichter

Vertrauen ist nicht statisch

Stellen Sie sich einen Trichter vor, einen mit jeder Menge Rissen und Löchern darin.

Oben in den Trichter gießen Sie Aufmerksamkeit hinein.

Am unteren Ende kommen engagierte loyale Kunden heraus.

Zwischen oben und unten sickern die meisten durch die Lecks nach draußen. Sie gehen fort, ihr Vertrauen ist gemindert, oder sie gehen wegen des Missverhältnisses zwischen dem, was Sie anbieten und woran sie selbst glauben, einer mangelnden Übereinstimmung zwischen dem, was Sie sagen, und was sie selbst hören. Oder es passt vielleicht einfach nicht, oder sie sind abgelenkt, oder das Leben kam dazwischen.

Während sich die Menschen durch den Trichter arbeiten – von Fremden zu Freunden, von Freund zu Kunde, von Kunde zu treuem Kunden – verändert sich der Status ihres Vertrauens.

Vielleicht wächst ihr Vertrauen, das Ergebnis kognitiver Dissonanz und Erfahrung. Oder, was wahrscheinlicher ist, sie werden abgelenkter, ängstlicher, der Drang, davonzulaufen, steigt, weil zustimmen stressiger ist als einfach fortzugehen.

Sie können Ihren Trichter reparieren

1. Sie können dafür sorgen, dass die richtigen Menschen davon angezogen werden.

2. Sie können dafür sorgen, dass das ihnen überbrachte Versprechen mit ihren Hoffnungen übereinstimmt.

3. Sie können Schritte weglassen, damit weniger Entscheidungen nötig sind.

4. Sie können jene, die sich auf Sie einlassen, unterstützen, ihre Träume bestärken und auf dem Weg ihre Ängste mindern.

5. Sie können mithilfe von Spannung eine Vorwärtsbewegung erzeugen.

6. Und vor allem können Sie denen, die sich erfolgreich auf den Tunnel eingelassen haben, ein Megafon in die Hand drücken, ein Werkzeug, das sie nutzen können, um anderen davon zu erzählen. *Menschen wie wir tun Dinge wie diese.*

Trichtermathematik: Casey Neistat

Casey bekommt regelmäßig mehr als 10 Millionen Views für eines seiner YouTube-Videos. Das ist ein Permission-Kapital. Menschen folgen ihm und die Menschen werden sehr wahrscheinlich seine Arbeit teilen.

Für ein aktuelles Projekt schickte er seine Viewer (als ich das Video sah, hatte es bereits über eine Million Views gehabt) zu seinem Livestream auf Twitch.

Ich klickte den Link an und sah, dass es bereits 18.000 Mal angeschaut worden war. Also hatte etwa jeder Fünfzigste es angeklickt.

Auf dem Twitch-Video waren Hunderte von Kommentaren. Es ist schwer zu zählen, lassen Sie uns einfach sagen, es waren 1000. Das bedeutet, dass sich jeder 18. die Zeit nahm, einen Kommentar zu posten.

Und von den 1000 Kommentatoren werden vielleicht fünf weitergehen und sich zum Beispiel zu dem anmelden, was auch immer Casey aufbaut.

1.000.000 zu 18.000 zu 1000 zu 5.

So sieht ein Trichter aus. Ihr Ergebnis mag variieren.

Der Grund, dass er Casey ist und wir nicht, besteht nicht darin, dass er den Trichter optimiert hat. Es liegt vielmehr daran, dass der Trichtereingang regelmäßig und mühelos mit Leuten voll ist, die sich für seine Reise anmelden.

Alles wird besser, sobald Sie sich dieses Vertrauen verdient haben.

Der nachhaltige direkte Marketingtrichter

Dies ist ein Spezialfall, ein Trichter, auf den nun die Millionen aus sind, die Anzeigen von Google und Facebook kaufen.

2017 nahmen diese beiden Unternehmen mehr als 100 Milliarden Dollar ein, etwa die Hälfte davon wurde für Online-Werbung weltweit ausgegeben. Und fast alle diese Anzeigen wurden gemessen und alle beinhalteten den Trichter.

Geben Sie 1000 Euro für Online-Anzeigen aus, die 1 Million Menschen erreichen.

Bekommen Sie 20 Klicks.

Das bedeutet, dass jeder Klick 50 Euro kostet.

Diese Klicks gehen auf Ihre Website. Einer von zehn verwandelt sich in eine Bestellung.

Das bedeutet, dass Sie jede Bestellung 500 Euro kostet.

Mit ein bisschen Glück beträgt in dem Geschäft, das wir hier beschreiben, der Customer Lifetime Value (der Wert, den ein Kunde für ein Unternehmen haben kann), mehr als 500 Euro, was bedeutet, dass Sie weitermachen und mehr Anzeigen kaufen können, um mehr Kunden zu denselben Kosten zu bekommen. Und das tun Sie immer wieder, mit all den Anzeigen, die sich selbst finanzieren. Magisch!

Natürlich geht der größte Teil Ihres Profits direkt von Ihnen zu dem Ort, an dem Sie die Anzeigen kaufen, weshalb diese Unternehmen ja so außergewöhnlich erfolgreich sind. Sie schöpfen den

Profit von fast all ihren Anzeigenkunden ab. Google mag pro Verkauf 100 Euro Profit machen, wohingegen Sie, der Anzeigenkunde, der die ganze Arbeit macht, nur 10 Euro einnimmt.

Aber damit können Sie leben, denn die Gewinnmarge auf diesen nächsten Verkauf ist immer noch positiv. Da Sie immer noch gewinnen, ist es einfach, mehr Anzeigen zu kaufen.

Und der Trichter arbeitet weiter.

Das ist der Traum des Direktvermarkters. Das ist Werbung, die sich eindeutig selbst bezahlt. Sie lässt sich messen. Sie können messen, was funktioniert, es immer wieder tun und wachsen.

Es sollte erwähnt werden, dass nur wenige Organisationen diese Rechnung sehr sorgfältig betreiben. Sie geben Geld aus und beten, hoffen, dass früher oder später schon alles wieder reinkommen wird.

Aber wenn Sie sorgfältig und wachsam sind, können Sie anfangen zu verstehen, was es Sie kostet, Aufmerksamkeit oben in den Trichter zu geben, und Sie können daran arbeiten, nicht nur die Qualität Ihrer Kundenkontakte zu verbessern, sondern auch die Effizienz des Prozesses.

Arbeiten Sie auf jeden Fall daran, die Kosten dieses ersten Klicks zu reduzieren. Wenn Sie das jedoch tun, indem Sie in der Anzeige, die Sie schalten, ein lächerliches Versprechen machen, wird der Schuss nach hinten losgehen, denn sobald die Menschen einmal in dem Trichter sind, werden sie aufhören, ihnen zu vertrauen, die Spannung wird sich verflüchtigen und Ihr Gewinn wird sinken wie ein bleierne Ente.

Stattdessen sollten Sie erwägen, sich darauf zu konzentrieren, welche Schritte Sie verschieben oder weglassen. Untersuchen Sie, was passiert, wenn sich Menschen auf Ihre Ideen oder Ihre Gemeinschaft einlassen, *bevor* Sie sie bitten, Ihnen Geld zu schicken. Investieren Sie in den Customer Lifetime Value (CLV, Deckungsbeitrag, den ein Kunde während seines gesamten »Kundenlebens« realisiert, diskontiert auf den Betrachtungszeitpunkt), das Entwickeln neuer Dinge für Ihre Kunden oder die Suche nach neuen Kunden für Ihre Produkte.

Als ich mit Marketing begann, haben schätzungsweise weniger als 5 Prozent aller Anzeigenkunden ihre Ergebnisse gemessen. Mit Fernsehen, Radio und Printmedien war es einfach zu kompliziert. Heutzutage liegt die Zahl vermutlich eher bei fast 60 Prozent, weil die Zahlen so klar gekennzeichnet sind. Was fehlt, ist eine sorgfältige Analyse der Bedeutung dieser Zahlen.

Eine Nebenbemerkung zur Trichtermathematik

Ich bin nicht sicher, warum Trichtermathematik so viele Menschen verblüfft, aber wenn Sie es Schritt für Schritt angehen, werden Sie es erkennen.

Am wichtigsten ist es, den CLV herauszufinden. Ein einfaches Beispiel: Wie viel ist ein neuer loyaler Kunde für einen Supermarkt wert?

Wenn wir lediglich den Profit eines einzelnen Besuchs im Supermarkt berechnen, sind es vielleicht nur 2 Euro. Supermärkte haben sehr geringe Handelsspannen.

Aber wenn dieser Kunde nun zu einem regelmäßigen Käufer wird? Wenn er jetzt zweimal wöchentlich kommt, jedes Mal Lebensmittel im Wert von 100 Euro kauft, und das für die folgenden fünf Jahre, während der er dort lebt (was nicht ungewöhnlich ist für viele Vororte)? Das sind 50.000 Euro oder mehr an Einkäufen. Selbst bei einer Handelsspanne von nur 2 Prozent bedeutet das 1000 Euro Profit von jedem neuen Kunden über die Zeit.

Und …

Wenn Ihr Supermarkt nun etwas Besonderes ist, und sobald jemand anfängt, dort einzukaufen, seinen Freunden und Nachbarn davon erzählt, und einer von denen ebenfalls zum Kunden wird? Das macht jeden neuen Kunden noch wertvoller, denn sie werden zum Motor des Wachstums.

Das bedeutet, dass ein Supermarkt darauf erpicht sein sollte, ein Event für neue Bewohner der Stadt zu sponsern, weil der Trichter so effizient ist.

Und es bedeutet, dass sich ein Supermarkt schnell entschuldigen und einem Kunden, der sich aufregt, weil eine Melone für 3 Euro nicht reif ist, sein Geld zurückerstatten sollte. Deshalb zu streiten ist wohl kaum 1000 Euro an Verkaufseinbußen wert.

Mit Technologien und Dienstleistungen können wir noch weiter gehen. Wenn wir uns einen Dienstleister wie Slack ansehen, hatte ein früher Kunde vielleicht einen Lifetime Value von 50.000 Dollar oder mehr. Wenn wir nicht nur zählen, was er über die Zeit bezahlt hat, sondern auch den Einfluss darauf, was seine Kollegen vielleicht am Ende bezahlt haben, plus dem Wert an Wachstum durch das Ausschalten der Konkurrenz, plus dem Mehr an Marktwert der Firma, sobald sie als Gewinner gesehen wird, ist es leicht, diese Art der Analyse zu rechtfertigen. Die ersten 1000 Kunden, wenn es die richtigen Personen sind, sind praktisch unbezahlbar.

Okay, wenn das also der Lifetime Value ist, wie sieht der Trichter aus, der Kostenteil der Gleichung?

Die einfachste Art, darüber nachzudenken, ist mit Briefmarken.

Wenn ein frankierter Brief 50 Cent kostet, sobald er durch die Tür ist, wie viele Briefe müssen Sie verschicken, um einen Kunden zu gewinnen?

In der guten alten Zeit der Direktwerbung war das alles, was wir wissen mussten.

Wenn Sie 1000 frankierte Briefe verschicken mussten, um eine Bestellung zu bekommen, kostete Sie jede Bestellung 500 Euro. (Weil jedes Anschreiben 50 Cent kostete, richtig?)

Wenn Ihr Lifetime Value eines Kunden 700 Euro beträgt, *sollten Sie so viele Briefmarken kaufen, wie Sie sich nur leisten können!* Wenn dagegen der LVC nur 400 Euro beträgt, sollten Sie es sein lassen, Briefmarken zu kaufen. Sie brauchen einen besseren Brief oder ein besseres Geschäft.

Wegen dieser simplen Analyse haben Sie von L.L. Bean, Lands' End und Victoria's Secret gehört. Die haben eine Menge Briefmarken gekauft.

Das Internet macht das Ganze schneller, effizienter und differenzierter.

Im Internet kaufen Sie keine Briefmarken bei der Post. Stattdessen kaufen Sie Klicks von Google oder Facebook.

Dieses Anklicken führt auf eine Website.

Der Website-Klick führt zu einem anderen Teil der Website.

Oder zu einer E-Mail.

Oder zu einem Probedownload.

Das führt dann zur nächsten Sache und immer so weiter, bis Sie dieses Interesse in einen zahlenden Kunden verwandelt haben.

Jeder Klick zwischen dem ersten und letzten macht Ihren Trichter teurer, aber wenn Sie zu viele Klicks wegnehmen, wird Ihnen niemand genügend trauen, um bei Ihnen zu kaufen.

Falls Ihr Produkt oder Ihre Dienstleistung Dinge verbessert, wird der Kunde bei Ihnen bleiben und den LV generieren, von dem wir gesprochen haben.

Kaufen Sie keine Anzeigen, wenn Sie den Trichter nicht sehen können.

Wenn Sie den Trichter messen können und die Kosten zu hoch sind, als dass Sie sich Anzeigen leisten könnten, kaufen Sie keine Anzeigen. Bringen Sie zuerst den Trichter in Ordnung.

Die Wahrheit über Ihren Trichter

Es wird keinen magischen Springbrunnen mit Ergebnissen geben.

Das hoffe ich zwar, aber es ist ziemlich unwahrscheinlich.

Eine Menge Leute würden Ihnen zwar nur zu gern ein Wunder verkaufen – einen selbstlaufenden, passiven Einkommenstrichter – diese magischen Trichter sind jedoch selten.

Das liegt daran, dass der Lifetime Value eines neuen Kundens selten die Kosten übersteigt, die durch das nötige Schalten von Anzeigen zur Neukundengewinnung entstehen.

Menschen sind so misstrauisch und das Web ist so überladen, dass die Anzeigen selten stark genug sind, um sich selbst zu finanzieren. Menschen sehen so viele Anzeigen, mit so vielen Versprechen, dass die Kosten für Kundenengagement durch die Decke gegangen sind.

Die Wahrheit ist, dass die meisten Marken, die eine Rolle spielen, und die meisten Organisationen, die gedeihen, zwar durch Werbung angekurbelt werden, aber auf gutem Marketing aufbauen. Sie wachsen, weil die Nutzer ihre Freunde bekehren. Sie wachsen, weil sie Lebewesen sind, die den Gemeinschaften, denen sie dienen, noch mehr bieten. Sie wachsen, weil sie Gruppen finden, die rund um den Kulturwandel verschmelzen, den hervorzubringen sie in der Lage sind.

Die Arbeit, die Sie in das Verbessern Ihres Trichters stecken, ist gut investierte Mühe. Aber Versuche, ein Perpetuum Mobile des Profits zu konstruieren, enden nahezu immer mit Verbitterung, weil es von Ihnen verlangt, zu schnell und zu heftig zu drängen, um etwas Dauerhaftes tun zu können.

Das Ziel besteht im Ankurbeln der Pumpe mit Anzeigen, die auf Neophile abzielen, Menschen, die auf der Suche nach Ihnen sind. Dann bauen Sie durch Häufigkeit Vertrauen auf. Um Testläufe zu erzielen. Um für positive Mundpropaganda zu sorgen. Um dafür zu sorgen, dass es sich bezahlt macht, indem Sie eine Kohorte von Menschen aufbauen, ein Netzwerk, das Ihre Arbeit als Teil dessen braucht, wer sie sind und was sie tun.

Es ist leicht, den letzten Teil zu überspringen, das Zeug, das nach dem ersten Anklicken folgt. Und wenn Sie nur den einfachen, teuren Teil durchführen, werden Sie mit ziemlicher Sicherheit unglücklich über das Ergebnis sein.

Leben auf dem Long Tail

Chris Andersons bahnbrechende Arbeit über den Long Tail wird mit einer einfachen Grafik leicht verständlich:

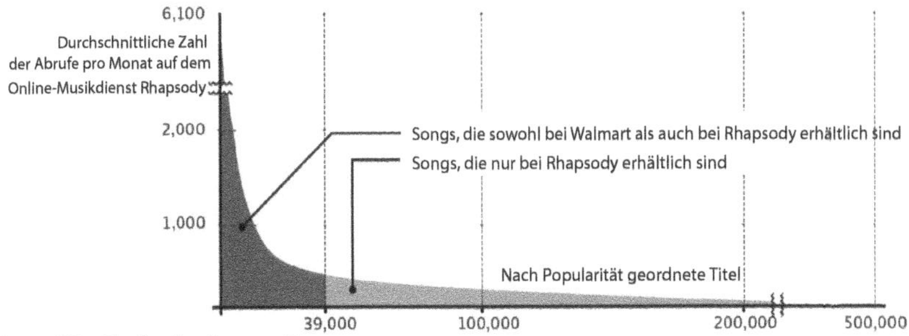

[credit: Chris Anderson]

Links sind die Hits. Davon gibt es nicht viele, aber jeder verkauft sich sehr gut. Tatsächlich verkauft sich die Nummer 1 zehnmal so oft wie die Nummer 10, und hundertmal so oft wie Nummer 100. Ein Hit ist magisch.

Rechts sind die übrigen. Der Long Tail: gute Produkte spezialisierter Interessen. Jedes für sich verkauft nicht viele Exemplare, aber zusammengenommen verkauft der Long Tail so viel wie der Short Head.

Die Hälfte von Amazons Verkäufen sind Bücher, die nicht in den Top 5000 sind. Die Hälfte!

Die Hälfte der auf Streaming-Seiten konsumierten Musik ist nicht in Geschäften erhältlich. Nicht die Hälfte der Titel, die Hälfte der Menge.

Amazon fährt wunderbar mit seiner Strategie, da sie *alle* verfügbaren Bücher verkaufen. Dennoch ist es für den einzelnen Autor schwierig: Von ein oder zwei verkauften Büchern am Tag kann man nicht leben.

Wenn Sie Musiker sind, wird das Leben auf dem Long Tail mit Ihren zwölf oder 24 Songs nicht Ihre Rechnungen bezahlen. Und nahezu jeder, der auf einem offenen Marktplatz veröffentlicht, ist auf dem Long Tail.

Weiter unten sehen Sie eine ähnliche Grafik, die den Traffic von Webseiten zeigt.

Wenn Sie sich in dem Kreis befinden oder schlimmer noch, rechts neben dem Kreis, können Sie nicht um Einfluss konkurrieren oder Anzeigendollar, denn auch wenn Google von jeder Webseite profitiert, die es sucht, schnaufen und keuchen die meisten Leute an den Rändern.

Diese riesigen Marktplätze (Amazon, Netflix, iTunes und so weiter) sind angewiesen auf die fehlgeleiteten Hoffnungen und Träume von Individuen weit draußen auf dem Long Tail. Jeder für sich allein kämpft. Zusammengenommen ist es ein gutes Geschäft.

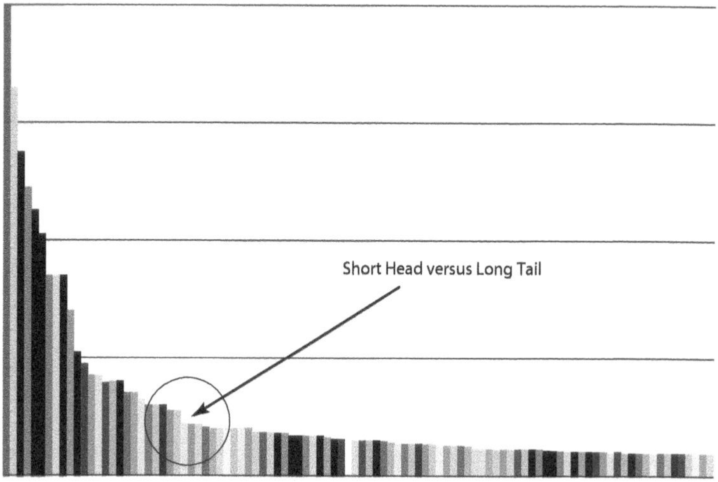

Traffic zu den bekanntesten Webseiten

Des Aprilscherzes Passah-Geburtstag-Oster-Shirt

Hier ist ein anschauliches Beispiel für das Leben auf dem Long Tail: Gestern sah ich auf Amazon ein zum Verkauf angebotenes T-Shirt mit dem Aufdruck: »Es ist Ostern, Es ist Passah, Es ist ein Aprilscherz, und es ist mein Geburtstag.«

Das ist offenkundig ein Produkt speziellen Interesses, eines das unmöglich die darin investierte Mühe stützen kann. Schließlich kann sich nur einer von 365 Menschen qualifizieren, ein solches

T-Shirt zu tragen, und vielleicht einer von tausend würde es tatsächlich anziehen, und, keine Ahnung, einer von hundert seiner Freunde käme auf die Idee, danach zu suchen, also würde der Händler vermutlich vier Stück verkaufen.

Trotz allem war es da.

Die weitere Recherche beförderte T-Shirts wie dieses zutage:

Ah, ich verstehe. Das ist ein Long-Tail-Business. Ein paar Firmen produzieren Zehntausende verschiedener T-Shirts. Sie produzieren auf Bestellung. Der Long Tail und der unbegrenzte Regalplatz bei Amazon machen das möglich. Möglicherweise verkaufen sie nicht viele (gar keine) von einem *bestimmten* T-Shirt, aber zusammengenommen kann man von mehreren Tausend im Monat ausgehen.

Wenn Sie ein Stück des Long Tail anhäufen können, können Sie es zu einem Erfolg machen. Aber Sie können nicht nur ein obskures T-Shirt verkaufen und auf einen Erfolg hoffen.

Das ist das falsche Versprechen des Internets. Dass Sie mit einer dünnen Scheibe des Long Tails glücklich sein können. Dass jeder singen, oder schreiben oder tanzen oder als Komiker, Coach oder Freelancer arbeiten kann, es jeder kann und es ihm gutgehen wird.

Aber es wird Ihnen nicht gutgehen, weil Sie nicht davon leben können. Das Internet kann davon leben, Upwork und Fiverr und Netflix und Amazon können davon leben, aber Sie nicht.

Wir hören von den Sonderfällen (den Ausreißern, statistisch gesprochen), den Kids, die mit ihrem YouTube-Kanal jedes Jahr Millionen verdienen oder der Fashionista mit den Millionen von Followern. Aber zum Sonderfall zu werden ist keine Strategie. Es ist ein Wunsch.

Es gibt einen Ausweg

Die Rechnung bei einem Hit ist mehr als der Nutzen des Verkaufs vieler Kopien. Hits sind in Wahrheit Hits, weil Menschen Hits mögen.

Wir tun gern das, was alle anderen tun.

(*Alle anderen* bedeutet »Alle wie wir«.)

Sie erahnen die Strategie vermutlich schon: Durch das Teilen des Marktes in viele Kurven und nicht nur eine, haben wir am Ende viele Short Heads und Long Tails.

Es gibt einen Markt für Belletristik, dessen Zielgruppe Teenager sind. Den Markt für Bücher übers Kerbschnitzen. Den Markt für Videokurse über den Gebrauch einer GH5-Kamera, um Filme zu drehen. Und den Markt zum Spielen von Improvisationstheater.

Es gibt sogar einen Markt für Basspfeifenmusik, die so laut gespielt wird, dass die Zuhörer einen Gehörschutz tragen müssen.

In jedem dieser Märkte und in einer Million anderer bedarf es eines Short Heads, wenigstens einmal hat jemand die Menschen in diesem Markt miteinander verbunden, damit sie erkennen, dass sie existieren, einander sehen und verstehen, was der Hit ist.

Denn es ist der Hit, der sie miteinander verbindet.

Sobald sie es sehen, wollen sie es vermutlich.

Das bedeutet, dass das Leben auf dem Long Tail zwei wesentliche Elemente aufweist:

1. Erzeugt den definitivsten, wesentlichsten und außergewöhnlichsten Beitrag zu diesem Bereich.

2. Verbindet den Markt, den Sie dafür entworfen haben, und hilft ihnen, zu sehen, dass Sie zum Short Head gehören. Dass dieser Hit der Klebstoff ist, der sie zusammenhält.

Rocky Horror ist im Short Head. Ebenso der DeWalt 20V Max XR Bürstenlose Lithium-Ionen-Bohrschrauber.

Es ist der Hit, der uns vereint. Derjenige, der klarstellt, dass Sie so sind wie wir.

Ja, das Internet ist ein Entdeckungstool. Aber nein, auf diese Weise werden Sie nicht entdeckt.

Stattdessen werden Sie Einfluss nehmen, indem Sie die vereinen, denen Sie dienen möchten.

Die Kluft überbrücken

Wir haben keine Ahnung, wer dem Schlagloch oder dem Grand Canyon seinen Namen gegeben hat, aber Geoff Moore prägte den Begriff der »Kluft« (Chasm). Es handelt sich dabei um die übersehene, aber oftmals fatale Spalte in der Diffusionskurve nach Rogers, der Kurve, die darstellt, wie sich Ideen in der Kultur verbreiten.

Die Erstanwender gehen vorneweg; sie kaufen Dinge, weil sie neu, interessant und ein bisschen riskant sind.

Das tun sie, weil sie Dinge *mögen*, die neu, interessant und ein bisschen riskant sind.

Aber da gibt es ein Problem. Es laufen nicht genug von diesen Neophilen herum. Großunternehmen, Massenbewegungen und erhebliche Gewinne sind oft auf den Massenmarkt angewiesen – sie brauchen Action von uns anderen.

Der Massenmarkt ist das, wo Heinz und Starbucks und JetBlue und The American Heart Association und Amazon und hundert andere leben. Wie kommen Sie dorthin?

Die intuitive Antwort lautet, dass die Erstanwender Ihre Ideen zum Massenmarkt bringen, und Sie haben es geschafft.

Aber oft passiert genau das nicht.

Es passiert nicht, weil der Massenmarkt etwas anderes will als die Erstanwender. Der Massenmarkt will *etwas, das funktioniert.* Etwas Sicheres. Eine Musterübereinstimmung, keine Musterunterbrechung. Er nimmt das »Menschen wie wir tun Dinge wie diese« sehr ernst.

Moores Aussage war, dass nur wenige Innovationen von einem Teil des Marktes zum anderen rutschen. Das liegt daran, dass Sie vielleicht einfach nur die Massen verärgern müssen, um die Erstanwender zufriedenzustellen. Genau das, was Ihre Innovation getan hat (Dinge kaputtmachen) ist das, was der Massenmarkt nicht will.

Repräsentanten des Massenmarkts wollen ihre DVDs nicht eintauschen. Sie wollen sich nicht in eine neue Softwareplattform einarbeiten. Sie wollen ihre Nachrichten nicht online lesen. Um zu verstehen, wie sich diese Kollision anfühlt, sollten Sie einmal ein oder zwei Stunden beim Benutzersupport im Apple Store zubringen. Finden Sie heraus, wer da ist und warum. Hören Sie sich die Fragen an und achten Sie auf die Gesichtsausdrücke.

Der Mittelteil der Kurve ist nicht erpicht aufs Ausprobieren. Deshalb haben sie sich ja für den Mittelteil der Kurve entschieden.

Wo ist Ihre Brücke?

Die Brücke über die Kluft liegt in Netzwerkeffekten. Ein Großteil des schnell wachsenden Marketingerfolgs in unserem Leben hat sich ausgebreitet wegen Ideen, die besser funktionieren, wenn alle sie kennen.

Die Erstanwender haben einen riesigen Anreiz, Ihre Idee über die Kluft zur Mehrheit zu schaffen; es macht ihr Leben besser, wenn jeder in ihrem Netzwerk ebenfalls diese Idee nutzt.

Es gibt keinen Grund, über eine neue Art von Schokolade zu reden, die Sie wirklich mögen. Es verbessert Ihr Leben nicht, wenn andere sie auch essen.

Andererseits verbringen Sie viel Zeit damit, Leuten von Snapchat oder Instagram oder Twitter zu erzählen, denn wenn Ihre Freunde Ihnen folgen, würde das Ihr Leben verbessern.

Das ist die einfache Vorwärtskraft von Netzwerkeffekten. Miteinander verbundene Gruppen sind mächtiger als nicht verbundene. Individuen, die früh hineinkommen, haben einen Anreiz, andere dazuzuholen, also tun sie es.

Es ist natürlich nicht nur Technologie, obwohl das oft die Kraft hinter den Musterunterbrechungen ist, die unsere Kultur verändert hat.

Es gibt für mich einen Anreiz, eine Busfahrt nach Washington, D.C., zu organisieren, um gegen Waffengewalt zu protestieren. Wenn mehr Leute kommen, können wir nicht nur mehr bewirken, sondern wir werden an dem Tag auch mehr Spaß haben.

Es gibt einen Anreiz, unsere Freunde dazu zu bringen, sich für die örtliche CSA-Wirtschaftsgemeinschaft anzumelden. Die Bauern können es sich nicht leisten, nur für ein paar Leute in der Gegend herzukommen. Aber wenn viele kommen, gibt es für uns alle mehr Auswahl.

Mit Peer-to-Peer-Bewegung von Ideen überqueren wir die Kluft – indem wir Menschen einen Netzwerkeffekt geben, der die Verlegenheit, Veränderung anzupreisen, die Mühe wert macht.

Die Brücke ist auf zwei einfachen Fragen erbaut:

1. Was werde ich meinen Freunden erzählen?

2. Warum werde ich es ihnen erzählen?

Leute erzählen niemals ihren Freunden davon, weil Sie es so wollen, oder weil Sie sie darum bitten oder weil Sie hart gearbeitet haben.

Geben Sie ihnen ein Warum. Und das beinhaltet für gewöhnlich, Ihr Angebot zu verändern. Machen Sie die Dinge besser, indem Sie bessere Dinge machen – Dinge, die einen Netzwerkeffekt haben, einen Grund, es mitzuteilen.

Die Kluft überleben

Der Gartner Hype-Zyklus ist eine brillante Metaanalyse von Kulturveränderungen.

Die Technologie stößt die Tür auf für Ihre Kunst, für den Betrag, den Sie leisten möchten. Sie unterbricht ein Muster.

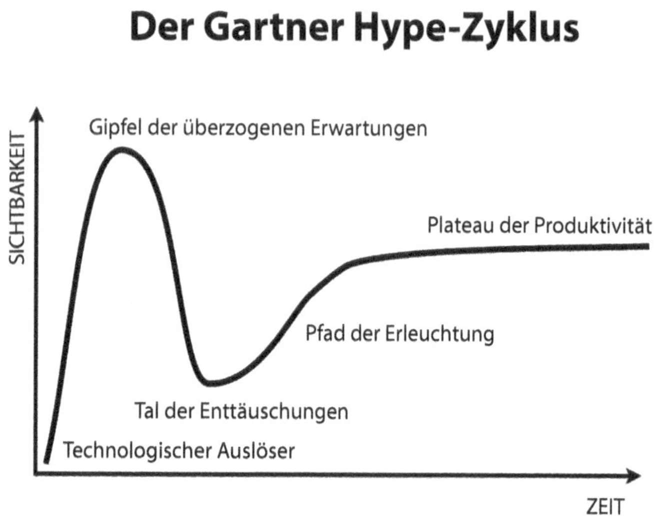

In dem Moment kann Marketing Ihnen helfen, die Neophilen zu erreichen. Diese Erstanwender werden Ihre Arbeit zwangsläufig hoch loben. Natürlich werden sie das. Das ist einer der besten Gründe, ein Erstanwender zu sein.

Wenn dem Rest des Marktes die Idee vorgestellt wird, kann sie unmöglich mit dem Hype verglichen werden, folglich mit dem Tal. Dies ist eine andere Art, Moores Kluft zu sehen. Es ist dieser Moment, wenn die Neophilen von Ihnen gelangweilt sind und der Massenmarkt Sie verachtet, in dem Sie am ehesten Schwung verlieren. Dies ist der Moment, in dem Sie eine Brücke brauchen, einen neuen Weg, durch die Kultur zu schreiten, mit Geschichten, die zu den Weltanschauungen dieses neuen, konservativeren Marktes passen.

Und dann, mit großzügiger Beharrlichkeit, können Sie den Pfad hinauf zum neuen Plateau gehen, dem Ort, an dem Sie nun unverzichtbar sind für die Massen. Ein neues Muster ersetzt das alte.

Vielleicht finden Sie die Brücke nicht

Vor Jahren führte mein Team bei Squidoo hugdug.com ein.

Die Idee hinter HugDug war ziemlich einfach: Sie konnten eine Seite aufbauen (das dauerte ungefähr vier Minuten), um jedes Produkt auf Amazon vorzustellen, das Ihnen gefällt. Wenn Sie sich zum Beispiel ein Buch aussuchten, führte die Seite das Cover, den Titel und einen großen Button mit einem Link auf.

Sie konnten dann Ihren Kommentar und einen Haufen relevanten Inhalt hinzufügen.

Wenn jemand auf die Seite stieß und das Buch kaufte, zahlte Amazon uns eine Gebühr und wir spendeten die Hälfte davon einer Wohltätigkeitsorganisation unserer Wahl. (Das war Jahre vor smile.amazon.com und wir spendeten 20 Mal so viel, wie sie es tun.)

Wir setzten darauf, dass Autoren ihre Bücher gern auf diese Weise bewerben lassen würden – es war einfacher zu kontrollieren als ihre Amazon-Seite, sie waren beteiligt an der Art der Darstellung und taten etwas für einen guten Zweck.

Wir hofften auch, dass der typische Pinterest-Fan nicht nur Spaß daran haben würde, eine solche Seite zu entwerfen, sondern es auch als befriedigend ansehen würde, dass er mithalf, Geld für einen guten Zweck zu sammeln.

Unsere These war, dass wir die Arbeit investieren könnten, um Erstanwender zu finden. Neophile, die erpicht darauf waren, neue, schillernde Sachen im Internet auszuprobieren. Wir setzten darauf, dass sie, wenn sie erst einmal sahen, dass es funktionierte, mehr davon machen würden, uns auf dem Long Tail ein Stück weiter brachten, und Tausende von Seiten generierten.

Und wenn es dann bekannt wurde, würden wir Autoren liefern, sie wären die Wale, würden ihre Bücher wie verrückt bewerben.

Und dass die Leute, die unsere HugDug-Seiten sahen, nicht nur mit der gleichen Rate kaufen würden wie bei Amazon (es war schließlich derselbe Preis), sondern auch ihre eigenen Seiten ergänzen würden (ihr Ansehen steigern, weil sie innerhalb einer elitären Gruppe Einblicke gaben, alles im Dienst der Menschenliebe).

Wir hielten monatelang daran fest, scheiterten jedoch.

Ich glaube, der Hauptgrund dafür war, dass wir zwar ausprobiert wurden (es wurden Tausende von Seiten erstellt), aber es gelang uns nicht, Wale zu finden. Weniger als sechs Leute erstellten mehr als ein Dutzend Seiten oder bewarben diese intensiv.

Die Spannung verflüchtigte sich zu schnell. Die Menschen hatten nicht das Gefühl, nach einem Besuch noch einmal dorthin zurückkehren zu müssen. Der Long Tail war so lang, dass es nicht ungewöhnlich für eine HugDug-Seite war, null Bücher in einem Monat zu verkaufen. Und die meisten Menschen zögerten, eine Seite zu bewerben, denn obwohl es mittlerweile einfacher ist, ist es emotional immer noch schwierig, ihre Freunde dazu zu drängen, eine Online-Shopping-Seite zu besuchen.

Die Lehre daraus war, dass ein Kickstarter-ähnlicher Erfolg schwieriger ist, als es aussieht. Wir waren naiv, zu glauben, dass vier Monate genügen würden, um einen Übernacht-Erfolg zu erzeugen. Wir unterschätzten, wie schwierig es sein könnte, ausreichend Anreize zu schaffen und, vor allem, gelang es uns nicht, eine Spannungsdynamik zu erzeugen, die aus unseren Erstanwendern loyale Botschafter gemacht hätte, die den Schalter umgelegt hätten, als wir den Graben überquerten.

Wir taten nicht genug, um eine Geschichte über Status zu erzählen, und wir waren nicht spezifisch genug, wer unsere ersten Kunden sein würden, was sie möglicherweise wollten, glaubten und sagten.

Fallstudie: Facebook und das Überqueren der breitesten Kluft

Während unseres Lebens haben nur wenige Marken vollständig den Sprung zum Massenmarkt geschafft. Starbucks, das den meisten Lesern dieses Buches vertraut sein dürfte, hat es nicht den ganzen Weg geschafft, genauso wenig Heineken oder der Bagel.

Aber Facebook schon.

Das Diagramm zeigt, wie das aussieht:

Jeder Balken steht für Nutzer in einem bestimmten Jahr. Irgendwann um 2008 herum begann eine ganz neue Gruppe vieler Leute Facebook zu nutzen.

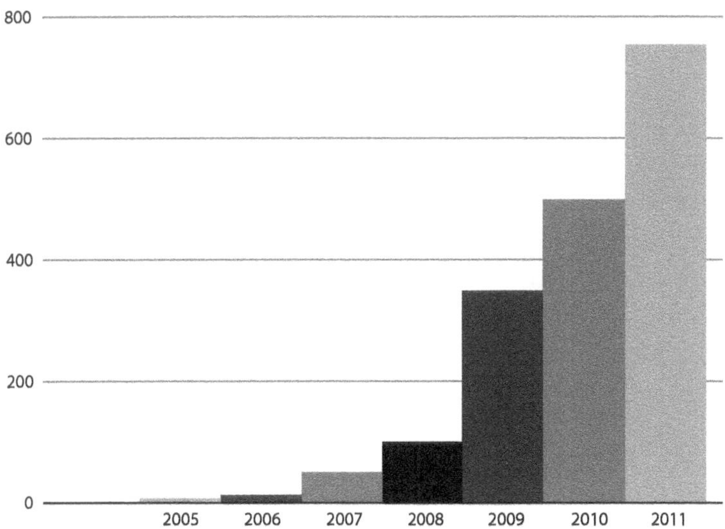

Es kam zu dem Sprung, weil sich der Grund der Teilnahme veränderte von »das ist irgendwie interessant« zu »das wird mir unermesslich helfen« zu »ich bin der einzige Mensch auf diesem Planeten, der es nicht nutzt«.

Bei Harvard anzufangen war Teil des Geheimnisses. Der unsichere Harvard-Student hatte ein drängendes Statusbedürfnis: herauszufinden, wo er oder sie in der Hackordnung stand.

Als es sich durch die Ivy League verbreitete, überquerte Facebook eine lokale Kluft nach der anderen. An jeder Hochschule fing ein Neophiler an (weil sie das nun mal mögen), aber durch das unermüdliche Zahnrad des Status ließ es sich weiterverbreiten. Je mehr Freunde man auf Facebook hatte, desto größer das Ansehen. Die anderen Leute, die bereits auf Facebook waren, genossen ein Ansehen, das bewundert (von anderen Ivy-League-Studenten) wurde. Facebook wurde am bestmöglichen Platz positioniert, umgeben von unsicheren jungen Menschen mit hohem Status, mit schnellen Internetverbindungen, viel Freizeit und einem unersättlichen Verlangen, gesehen zu werden, Beziehungen zu knüpfen und in irgendeiner unsichtbaren Hierarchie aufzusteigen.

Sobald es sich in dieser lokalen Gruppe ausgebreitet hatte, war es nicht schwer, überzuspringen auf andere Colleges und dann schließlich zur Öffentlichkeit.

Der letzte Sprung über eine Kluft ist der zu 1 Milliarde. Und wieder setzen die Statusrollen ein. Weil Facebook in der Lage war, das Dasein als »Nerd« mit Status zu kombinieren, konnte es auch die Mitte des Marktes umgeben und einen unwiderstehlichen Einklinkeffekt (Ratchet-Effect) schaffen. Mach mit oder stelle dich deiner größten Angst – sozial isoliert zu sein.

So gern die meisten Marketer diesen riesigen Sprung auch schaffen würden, es ist unwahrscheinlich. Der Markt ist einfach zu groß und der typische Netzwerkeffekt ist nicht so stark.

Die lokale Kluft überqueren

Die gute Nachricht ist, dass Sie nicht losziehen müssen, um eine globale Kluft zu überqueren. Eine lokale kann alles verändern.

Die örtliche Grundschule ist ein prima Beispiel. Am Montag bringt ein Kind ein Jo-Jo mit. Aber es ist das falsche Kind am falschen Tag.

Ein paar Wochen später bringt eine charismatische Fünftklässlerin ihr Jo-Jo mit, verkündet, dass sie eine Jo-Jo-Vereinigung gründen würde, einen exklusiven Klub, der offen ist für alle. Sie hat ziemlich gute Tricks drauf, aber nicht übertrieben, sodass es andere einschüchtert. Und sie bringt drei weitere Jo-Jos mit, für ihre Freunde.

Schon bald sind die vier draußen auf dem Schulhof, machen mit ihren Jo-Jos Tricks wie Walk the Dog oder Sleeper. Das Mädchen hatte klug gewählt – jeder dieser Erstanwender war für sich genommen ein Anführer. Eine Woche später befinden sich 30 Kinder mit Jo-Jos auf dem Schulhof. Der Eintrittspreis ist gering, es macht sich schnell bezahlt und die Beziehung fühlt sich echt an.

Wieder eine Woche später scheint die ganze Schule Jo-Jo zu spielen.

Weil Jo-Jos eine Modeerscheinung sind, nicht von Dauer, kühlt sich die Begeisterung dafür genauso schnell ab, wie sie gekommen ist. Das muss natürlich nicht so sein, wenn Sie in Identität und Beharrlichkeit investieren.

Dieselbe Überquerung passierte mit Uggs, mit schwarzen Rucksäcken, mit Penny Skateboards.

Uns fallen nur die auf, die eine lokale Kluft überqueren, aber die Erstanwender experimentieren ständig an den Rändern. Wenn die Kombination aus Adaption und Netzwerkeffekten genügend Spannung erzeugt, um die lokale Kluft zu überqueren, erst dann bemerken wir es.

Sauberes Wasser in einem Dorf

Für die Glücklichen und Privilegierten ist sauberes Wasser eine Selbstverständlichkeit. Eine andere Form von Wasser haben wir nie kennengelernt.

Für eine Milliarde Menschen auf der ganzen Welt ist jedoch verschmutztes, von Parasiten befallenes Wasser die Normalität. Oft ist ein mehrstündiger Marsch nötig, um dieses lebensnotwenige Wasser zu holen, das die Menschen aber auch krank macht.

Betrachten wir den Fall von Water Health International. Als WHI mit seinem Wasserreinigungsstand in einem Dorf eintraf, erkannten ein paar Bewohner sofort die damit verbundenen Möglichkeiten. Sie kauften einen speziellen Kanister von WHI und bezahlten dann dafür, ihn täglich auffüllen zu lassen. Die paar Pennies für sauberes Wasser machten sich schnell wieder bezahlt durch die eingesparte Zeit, gesteigerte Produktivität und reduzierte Ausgaben für medizinische Versorgung.

Dennoch kaufte nicht jeder sofort das Wasser. Die meisten Bewohner taten es nicht. Das Ganze folgte derselben Adaptionskurve wie alles andere, von Spielzeug bis Computer. Die Erstanwender kauften zuerst. Möglicherweise waren sie gebildet genug, um zu erkennen, welche Bedeutung sauberes Wasser hat, aber vermutlich lag es eher daran, dass sie gern Dinge kaufen, die neu sind.

Diese Erstanwender sind nicht nur erpicht, als Erste zu kaufen, sondern sie wollen auch von ihrer Erfahrung erzählen. Die leuchtendbunten Kanister von WHI (damit sie wissen, dass sie kein Wasser in verseuchte Kanister füllen) sind ein Ehrenabzeichen und eine Einladung, sich zu unterhalten. Dennoch entwickelt es sich an den ersten Tagen nur zäh. Eine über mehrere Generationen etablierte Gewohnheit zu verändern, die so eng mit dem Überleben verwoben ist wie Wasser, geht nicht von heute auf morgen.

Aber die Erstanwender wollen nicht aufhören, darüber zu reden. Es ist keine Modeerscheinung; frisches Wasser wird täglich gebraucht, für immer. Und Wasser kann leicht weitergegeben und darüber gesprochen werden.

Um die Veränderung im Dorf zu forcieren, schickte WHI Vertreter zur örtlichen Schule. Ausgerüstet mit einem Mikroskop-Projektor arbeitete der Vertreter mit dem Lehrer zusammen und ließ jeden Schüler ein paar Wasserproben von zu Hause mitbringen.

Er projizierte die Wasserproben an die Wand und das Mikroskop erzählte eine anschauliche Geschichte, die bei den Achtjährigen in der Klasse auf Resonanz stieß. So sehen Keime aus. Das sind Parasiten. Zwangsläufig gingen die Schüler nach Hause und erzählten ihren Eltern davon.

Und nun kommt der Status ins Spiel.

Wenn Ihr Kind davon erzählt, dass die Nachbarn sauberes Wasser haben … und Sie nicht. Wenn Sie sehen, dass die geachteten Mitglieder der Dorfhierarchie die unverwechselbaren Kanister schleppen. Wenn Sie zögern, jemanden in Ihr Haus einzuladen, weil Sie ihm kein sauberes Wasser anbieten können. Das ist ein Einklinkeffekt, aber keiner, der auf offensichtlichen Netzwerkeffekten basiert. Es ist vielmehr ein originaler Netzwerkeffekt, der um Menschen herum entsteht, die nah beieinander sind. Je mehr Menschen in dem Dorf über sauberes Wasser verfügen, desto stärker fühlen sich die ohne isoliert und kommen sich dumm vor. Die meisten können sich das Wasser leisten (allein durch die Zeitersparnis), der schwierige Teil ist jedoch die emotionale Verschiebung.

Innerhalb von Monaten überquert das Wasser die lokale Kluft von den Erstanwendern zu den übrigen Dorfbewohnern.

Eine kurze Bemerkung zu B2B-Marketing

B2B steht für Business-to-Business, die Geschäftsbeziehungen zwischen mindestens zwei Unternehmen.

Das entspricht einem Drittel oder sogar noch mehr vieler Märkte. Und das B2B-Marketing ist auch nicht anders.

Es wirkt kompliziert, manchmal völlig separat. Riesige Zahlen, Ausschreibungen, der Fokus auf das Erfüllen von Vorgaben, Preiskrieg, lange Verkaufszyklen und nicht der geringste Spaß.

Aber es ist einfacher als das.

Betrachten Sie einmal das Wachstum der LEED-Zertifizierung in den Vereinigten Staaten. Das Green Building Council[6] hatte wirksame Standards festgelegt, die die Gebäude erfüllen müssen. Anfangs wurden nur zwei Gebäude pro Tag zur Zertifizierung eingereicht.

---

6 Eine Organisation, die sich der Förderung »grüner« Gebäude widmet, Anm. d. Übers.

Das waren die Erstanwender – Architekten und Bauherren, die etwas Neues wollten, um darüber zu reden.

Bei dem Tempo hätte es 100 Jahre gedauert, die Zahl zu erreichen, die bereits nach zwölf Jahren erzielt war.

Was ist passiert? Kurz vor Eintreten der Immobilienkrise machte die Anzahl der Zertifizierungen einen Riesensprung und das hielt an. Warum?

Betrachten Sie das einmal mit der Weltanschauung eines Immobilienentwicklers. Er oder sie ist im Begriff, eine große fremdfinanzierte Summe in den Bau eines Gebäudes zu stecken, ein Mietshaus oder ein Gebäude, das nach der Fertigstellung verkauft werden soll. Wenn nur wenige Menschen auf die LEED-Zertifizierung für ein Gebäude, das sie mieten oder kaufen, bestehen, genügt das, um den Menschen Ansehen zu verleihen, denen ein solches Gebäude gehört. Und wenn Sie beim Gestalten des Gebäudes knausern, müssen Sie mit dem Bedauern und den Ängsten klarkommen, die Ihnen entgegengebracht werden, wenn Ihr Gebäude am Ende von einigen als mangelhaft angesehen wird.

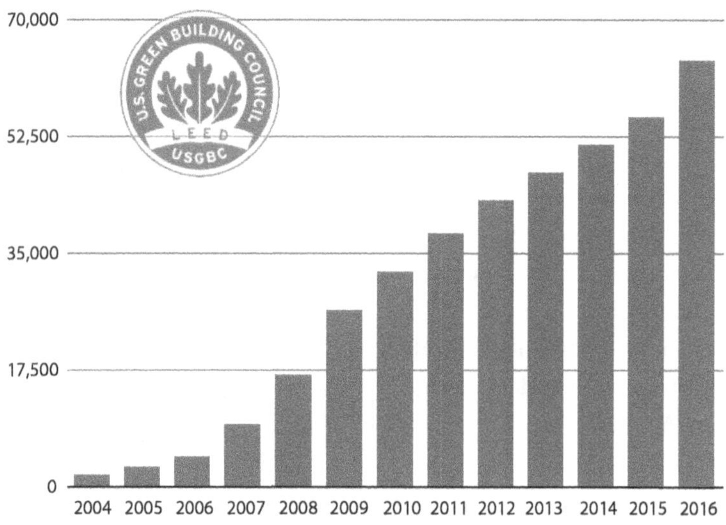

Also gibt es einen Wettbewerb.

Jeder Entwickler hat eine Geschichte, und diese Geschichte führt zu der egoistischen (aber letztlich positiven) Entscheidung, ein Zertifikat zu bekommen.

Die einzige Frage, die sich jeder Geschäftskunde stellt, lautet: »Was werde ich meinem Chef sagen?«

Sie vermarkten die Antwort auf diese Frage: »Wenn Sie sich dafür entscheiden, können Sie dem Vorstand/den Investoren/dem Geschäftsführer sagen, dass Sie …«

Der Marketer, dem die Ideen oder die Energie ausgehen, beendet diesen Satz mit: »… das Preisgünstigste gekauft haben.«

Für uns andere liegt hier eine Möglichkeit, diesen Satz mit einer Geschichte über Status, Angst, Anschluss, Zugehörigkeit, Herrschen, Sicherheit, Verpflichtung, Erkenntnis oder jedes andere Gefühl, über das wir gesprochen haben, zu beenden.

KAPITEL ZWANZIG

Einen Tribe organisieren und führen

Es ist nicht Ihr Tribe[7]

Das ist das Erste, was ich zu den Leuten sage, die mir von den Menschen erzählen, mit denen zu arbeiten und sie zu führen sie das Glück haben.

Dieser Tribe gehört nicht zu Ihnen, deshalb können Sie den Mitgliedern nicht sagen, was sie tun sollen oder sie für Ihre Zwecke einsetzen.

Wenn Sie Glück haben, gibt es einen Tribe, der Ihnen zuhört und in Betracht zieht, was Sie sagen.

Und falls Sie in diese Menschen investieren, werden sie Ihnen zeigen, was sie wollen und brauchen. Sie können sich Einfühlungsvermögen für sie aneignen, ihre Geschichte verstehen und ihnen erneut dienen.

Der Tribe würde vermutlich überleben, wenn Sie fortgehen würden. Das Ziel besteht darin, dass man Sie in dem Fall vermissen würde.

Die Macht des Jetzt, nicht später

Marshall Ganz ist der brillante Harvard-Professor, der sowohl mit Cesar Chavez als auch Barack Obama gearbeitet hat. Er hat eine einfache Drei-Schritte-Geschichte zum Handeln formuliert: Die

[7] Unter Tribe versteht man eine Gruppe vergleichbar einem Stamm, im Fall von Marketing die »Benutzer eines Produkts«, bei denen ein »Wir«-Gefühl erzeugt wird, Anm. d. Übers.

Geschichte von einem selbst, die Geschichte von uns und die Geschichte des Jetzt.

Die Geschichte von einem selbst verleiht Ihnen Ansehen, eine Plattform, von der aus Sie sprechen können. Wenn Sie über Ihre Veränderung sprechen – wie Sie waren und zu wem Sie geworden sind – sind Sie großzügig gegenüber uns.

Es geht nicht darum, Ihre Situation schwarzzumalen oder um die falsche Empathie von Online-Verletzlichkeit. Stattdessen ist die Geschichte von einem selbst *Ihre Chance, zu erklären, dass Sie so sind wie wir*. Dass Sie Dinge wie diese tun. Dass Ihr Handeln eine Veränderung herbeiführt, eine, die wir hören, sehen und verstehen können.

Die Geschichte von uns ist das Wesen eines Tribes. Warum sind wir gleich? Warum sollten wir uns kümmern? Kann ich das Einfühlungsvermögen aufbringen, mir vorzustellen, in Ihren Schuhen zu stecken?

Die Geschichte über uns handelt von Zusammengehörigkeit, nicht von Abgrenzung. Und inwiefern es uns nützt, wenn wir Teil der Gruppe von Menschen wie wir sind.

Die Geschichte des Jetzt ist der Dreh- und Angelpunkt. Die Geschichte des Jetzt beteiligt den Tribe an Ihrer Reise. Es ist die Peer-Gelegenheit/der Peer-Druck des Tribes, die/der für uns alle die Spannung erzeugt, um gemeinsam voranzuschreiten.

Ich war wie Sie. Ich war in der Wüste. Dann habe ich etwas gelernt und nun bin ich hier.

Natürlich bin ich nicht allein. Ich habe das nicht allein getan und ich sehe bei Ihnen die gleiche Qual, unter der auch ich litt. Gemeinsam können wir das hier verbessern.

Aber wenn wir zögern oder wenn wir die anderen zurücklassen, wird es nicht funktionieren. Die Dringlichkeit des Jetzt erfordert, dass wir es gemeinsam tun, unverzüglich, ohne Reue, ohne unserer Angst nachzugeben.

Die Geschichte von einem selbst.

Die Geschichte von uns.

Die Geschichte des Jetzt.

Ein einfaches Beispiel: »Ich wog immer 50 Pfund zu viel. Meine Gesundheit und meine Beziehungen litten darunter. Dann entdeckte ich den Eiskunstlauf. Anfangs war es hart, aber dank meiner neuen Freunde auf der Eisbahn kam ich an den Punkt, an dem es schließlich Spaß machte. Innerhalb von Monaten verlor ich Dutzende Pfunde, noch wichtiger aber war, dass ich mich in meiner Haut wohlfühlte.

Der wahre Gewinn bestand für mich jedoch in den Freundschaften, die ich schloss. Ich stellte fest, dass ich mich nicht nur körperlich fantastisch fühlte, sondern mit anderen Menschen auf dem Eis zu sein – alten Freunden wie Sie und neuen, die ich dort kennenlernte –, ließ mich lebendiger fühlen.

Ich bin so froh, dass du bereit bist, heute mit ins Eisstadion zu kommen. Ich habe dort angerufen und ein paar Schlittschuhe für dich reserviert …«

Im ersten Absatz hören wir die Geschichte unseres Freundes, eine Geschichte des Wegs von hier nach dort.

Im zweiten erfahren wir davon, wie es die Beziehungen unseres Freundes verändert, einschließlich zu Personen wie uns.

Und der dritte Abschnitt ist ein Aufruf zum Handeln, ein Grund, etwas auf der Stelle zu tun.

Manipulation ist der Tribe-Killer

In *Rules for Radicals* legte der Bürgerrechtler Saul Alinsky seine 13 Regeln dar, die bei Nullsummenspielen in der Politik genutzt werden können, um Feinde zu entmutigen und zu besiegen:

> *»Macht ist nicht nur das, was du hast, sondern von dem der Feind auch annimmt, dass du es hast.«*
>
> *»Verlasse niemals deinen Kompetenzbereich.«*
>
> *»Bringe wann immer möglich deinen Gegner aus seinem Kompetenzbereich.«*

»Bringe deinen Gegner dazu, sich an die eigenen Regeln zu halten.«

»Empörung ist die schärfste Waffe einer Gruppe.«

»Eine gute Strategie bereitet deinen Mitstreitern Freude.«

»Eine Strategie, die sich zu lange hinzieht, raubt Kraft und die Bereitschaft für weitere Unterstützung.«

»Halte stets den Druck aufrecht.«

»Die Drohung ist für gewöhnlich ängstigender als die Sache selbst.«

»Die Hauptvoraussetzung für Strategien ist das Entwickeln von Vorgehensweisen, die einen konstanten Druck auf den Gegner ausüben.«

»Unfaire Angriffe des Gegners können die Öffentlichkeit auf deine Seite ziehen.«

»Als Preis für einen erfolgreichen Angriff musst du eine konstruktive Alternative anbieten können.«

»Triff Personen mit deiner Kritik, nicht Institutionen.«

Diese Vorgehensweise wird mittlerweile leider oft von beiden Seiten zu nahezu jedem Thema angewandt und der Aspekt der Bürgerrechte bleibt auf der Strecke. Wenn Sie derartig davon überzeugt sind, recht zu haben, dass Sie bereit sind, dafür etwas niederzubrennen, wird früher oder später jeder in einem brennenden Gebäude stehen.

Und wenn wir die Regeln umkehren?

»Gib den Menschen Arbeit. Das ist noch effizienter als Geld.«

»Fordere deine Leute auf, zu forschen, zu lernen und mit Unsicherheiten zurechtzukommen.«

»Finde Wege, anderen zu helfen, auf ihrem Pfad eine solide Basis zu finden.«

»Anderen helfen, Regeln zu formulieren, die ihnen helfen, ihre Ziele zu erreichen.«

»Behandle andere so, wie du behandelt werden möchtest.«

»Kritisiere andere nicht zum Spaß. Tu es, wenn es beim Ausbilden hilft, auch wenn es nicht unterhaltsam ist.«

»Bleib deinen Strategien noch lange treu, nachdem alle anderen davon gelangweilt sind. Hör erst auf, wenn sie aufhören zu funktionieren.«

»Es ist in Ordnung, den Druck ab und zu abnehmen zu lassen. Die Menschen werden dir und der Veränderung, die du anstrebst, Aufmerksamkeit schenken, wenn sie sie nicht dauerhaft ignorieren können.«

»Drohe nicht. Tue es, oder lass es.«

»Stelle ein Team zusammen, das über die Kompetenz und Geduld verfügt, die nötige Arbeit zu verrichten.«

»Wenn du deine positiven Ideen förderst, wieder und wieder, wirst du die Latte für alle anderen höher legen.«

»Löse deine eigenen Probleme, bevor du eine Menge Zeit darauf verwendest, Probleme für die anderen zu finden.«

»Preise deine Leute, gib ihnen die Freiheit, noch mehr zu tun, wickle es über die Kohorte ab, und lade alle dazu ein. Widersprich Institutionen, keinen Einzelpersonen.«

Alle 13 Regeln berühren die Botschaft des Marketers. Sich auf Menschen einzulassen und ihnen zu helfen, die angestrebte Veränderung durchzuführen. Ihre Weltanschauung zu verstehen und auf eine Weise zu reden und zu handeln, die zu dem passt, wer sie sind und was sie wollen. Menschen im unendlichen Spiel der Möglichkeiten miteinander zu verbinden.

Gemeinsame Interessen, Ziele und Sprachen

Ein Tribe muss nicht unbedingt einen Anführer haben, ist jedoch oft bevölkert mit Menschen, die dieselbe Sprache sprechen und gemeinsame Interessen und Ziele haben.

Ihre Chance als Marketer besteht darin, die Mitglieder dieses Tribes miteinander zu verbinden. Sie sind einsam und jeder für sich, fürchten, nicht gesehen zu werden, und Sie, der Agent der Veränderung, kann dafür sorgen, dass Beziehungen entstehen.

Sie können bewusst kulturelle Artefakte schaffen, Statusrollen nutzen, um ein Kostüm, eine Reihe Schlüsselwörter oder gar den geheimen Handschlag aufzuwerten. Sie können Betsy Ross sein und die Flagge nähen (Betsy Ross selbst, das Konzept von Betsy Ross ist ein Symbol).

Sagen Sie nicht alles und machen Sie es nicht offensichtlich. Es ist gut so, dass es ein paar heimliche Handschläge gibt, Ostereier und unbekannte Eigenschaften. Es ist gut, dass Engagement und Langlebigkeit einen extra Vorteil verdienen.

Sie können den Tribe auffordern, weiterzugehen, ihn ermutigen, sich Ziele zu setzen und ihn vorwärts drängen. Als Nike Millionen Dollar in Breaking2 investierte, ein Moonshot[8], um die Zwei-Stunden-Marke im Marathon zu unterbieten, forderten sie den Tribe heraus und verpflichteten ihn. Auch wenn sie (und die Tribe-Mitglieder, die sich um sie herum organisierten) keinen Erfolg haben, werden sie gewinnen.

---

8 Ein großes, meist digitales Projekt, das die Welt nachhaltig verbessern soll. Der Name wurde ursprünglich von Google geprägt, Anm. d. Red.

Mehr als alles andere wartet der Tribe auf Ihre Mitwirkung.

Sie wissen, dass die meisten Marketer nur auf das schnelle Geld aus sind, an Türen klopfen und weiterziehen. Aber ein paar bleiben auch und verpflichten sich. Und als Gegenleistung verpflichtet sich der Tribe ihnen.

Denn sobald Sie zu einem Tribe gehören, ist Ihr Erfolg dessen Erfolg.

Es wird verblassen, wenn Sie das zulassen

Es gibt die Hoffnung, dass Sie eine Bewegung ankurbeln können und dann einfach weggehen, während sie eine Eigendynamik entwickelt.

Eine Vision, dass Sie nur die lokale Kluft überqueren müssen, um ein dauerhafter Bestandteil der Kultur zu werden und zur nächsten Herausforderung weiterziehen können.

Das passiert allerdings höchst selten.

Es gibt immer neue Ideen, die die Erstanwender locken. Sie sind auf der Jagd und die ersten, die gehen.

Aber auch die, die den Status quo bewundern, könnten gehen, sobald die Spannung verpufft ist. Möglicherweise haben sie für eine Weile Ihr Restaurant akzeptiert, Ihre Software oder Ihre spirituelle Bewegung, aber der ursprüngliche Status quo, von dem sie sich entfernt haben, existiert immer noch, und ohne beharrlichen, ständigen Input und neue Spannung werden sie ein bisschen seltener bei Ihnen auftauchen.

Bei der Arbeit gibt es eine Halbwertzeit. Für jede den Tribe betreffende Verhaltensweise, die nicht energisch aufrechterhalten wird, verschwindet die Hälfte der Aktivität. Jeden Tag, jeden Monat, jedes Jahr – es ist unklar, was die Halbwertzeit für eine bestimmte Bewegung ist, aber Sie können damit rechnen, dass sie verblasst.

Die Alternative besteht darin, zu reinvestieren. Den Mut zu haben, sich mit denen zusammenzusetzen, die Sie haben, statt sich ständig von der Jagd auf die nächste Sache ablenken zu lassen.

Die besten Marketer sind Bauern, keine Jäger. Pflanzen, hegen, pflügen, düngen, Unkraut jäten, wiederholen. Lassen Sie jemand anderen den schillernden Objekten hinterherjagen.

Nehmen Sie sich ein Zimmer in der Stadt

Zig Ziglar war Vertreter für Töpfe und Pfannen, der von Haus zu Haus zog. In den 1960ern war das schon etwas.

Die meisten der 3000 Vertreter in seiner Firma folgten demselben Plan. Sie beluden ihren Wagen mit Vorführgeräten und fuhren los. Sie besuchten eine Stadt, wickelten ein paar einfache Verkäufe ab und fuhren weiter zur nächsten Stadt.

Wie wir gesehen haben, ist es einfacher, Erstanwender zu finden und ihnen etwas zu verkaufen.

Zig hatte eine andere Strategie.

Er stieg in seinen Wagen, fuhr in eine neue Stadt und nahm sich dort ein Zimmer. Er blieb wochenlang an einem Ort. Immer wieder zeigte er sich.

Natürlich schloss auch er die Verkäufe bei Erstanwendern ab wie seine Kollegen. Aber dann erkannten die Leute, dass er nicht wie die anderen Vertreter weiterzog. Er blieb.

Indem er immer wieder Präsentationsabendessen organisierte, lernte er die Menschen in der Stadt kennen. Im Laufe eines Monats hatte er mit jemandem aus der Mitte der Kurve vielleicht fünf oder sechs, oder sogar sieben Mal Kontakt gehabt.

Was genau dem entspricht, was diese Art von Mensch zu einer Entscheidung bewegt.

Zig hatte gerechnet. Er verstand, dass die meisten Vertreter fliehen, wenn sie die Kluft erreichen, er jedoch konnte eine menschliche Brücke erbauen. Es gab Tage, an denen er gar nichts verkaufte, aber das war in Ordnung, denn nach der Überquerung der lokalen Kluft würde die Menge die investierte Zeit mehr als wettmachen.

Die einfachen Verkaufsabschlüsse sind nicht immer die wichtigen.

KAPITEL EINUNDZWANZIG

Fallbeispiele zu dieser Methode

»Wie komme ich an einen Agenten?«

Diese Frage stellen sich Drehbuchautoren, Regisseure und Schauspieler die ganze Zeit. Die Branche hat Torwächter und Sie haben keinen Schlüssel für das Tor, also ist ein Agent die Lösung.

Wie Brian Koppelman umfassend dargestellt hat, funktioniert es nicht unmittelbar so. Sicher, der Agent geht für Sie auf Auftragssuche, aber er wird nicht zu Ihrem Vollzeit-Handelsvertreter, macht nicht Tag und Nacht Anrufe und bewirbt Sie nicht unermüdlich in der Branche.

Die Methode besteht nicht darin, loszuziehen und sich einen Agenten zu suchen. Sie besteht vielmehr darin, so unglaublich beeindruckend zu arbeiten, dass Agenten und Produzenten nach Ihnen suchen.

Sie, derjenige, der sich hinreichend gekümmert hat, um alles auf den Tisch zu bringen, der sich in seine Zuschauer und sein Handwerk verliebt hat und etwas Bedeutsames geleistet hat.

Es muss kein Spielfilm oder ein Pulitzer-Preis gewinnendes Theaterstück sein. Tatsächlich funktioniert diese Vorgehensweise am besten, wenn es kein hochglanzpoliertes und ausgefeiltes Werk ist.

Die beste Arbeit erzeugt beim Zuschauer eine Unausgewogenheit, eine, die nur abgestellt werden kann, indem man darüber spricht, diese Erfahrung mit jemand anderem teilt. Das bedeutet, dass die Frage »Hast du auch … gesehen?« das Ansehen des Fragenden erhöht und die Verfechter vervielfacht.

Entscheidend ist die Verbindung, die Sie herstellen. Jeder hat zehn Freunde, 50 Kollegen, 100 Bekannte. Und Sie können diese dazu überreden, sich Ihre Arbeit anzuschauen ... und was passiert dann?

Wenn es elektrisierend ist, wenn es etwas bewirkt, die richtige Art von Spannung erzeugt wird, haben sie etwas, um es anderen zu erzählen.

Das ist die harte Arbeit, mit der wir uns einige Seiten zuvor beschäftigt haben. Die harte Arbeit, zu entscheiden, dass dies Ihre Berufung ist, für jene in Erscheinung zu treten, die Sie verändern möchten.

Tun Sie das als Erstes.

Tesla demontierte zuerst die anderen Autos

Als das Tesla Model S herauskam, bestand seine vorrangige Funktion darin, eine Geschichte zu erzählen, die für viele Neophile von Luxuswagen ihr aktuelles Auto demontieren würde.

In dem Sinne demontieren, dass es keinen Spaß mehr machte, es zu besitzen.

Es lohnte nicht, damit anzugeben.

Es steigerte nicht ihr Ansehen als clevere, vermögende Person, die eindeutig klüger und reicher war als alle anderen.

Dieser Besitzer eines Luxusautos ist am Abend zuvor ins Bett gegangen und freute sich darüber, dass das Auto in seiner Garage glänzend, neu, effizient und wertvoll war.

Und dann erwachte er am nächsten Morgen und musste feststellen, dass diese Geschichte nicht mehr der Wahrheit entsprach.

Tesla war klar, dass niemand, der eines der ersten 50.000 Exemplare kaufte, wirklich ein Auto brauchte. Sie alle hatten ganz wunderbare Autos.

Als schuf Elon Musk einen Wagen, der die Geschichte veränderte, die eine spezifische Gruppe sich selbst erzählte, eine Geschichte, die deren Ansehen als Erstanwender und Tech-Freaks und als Umweltschützer und als jene, die Mut unterstützten, auflöste.

Auf einen Schlag.

Die existierenden Automobilkonzerne hatten schon immer Schwierigkeiten, aus Konzeptautos reale Autos zu machen. Sie präsentieren Konzeptautos bei Autosalons, um sie zu normalisieren, die Innovationen zu sozialisieren, es wahrscheinlicher zu machen, dass der reale Wagen, in einigen Jahren, nicht floppen würde.

Sie konnten den Tesla nicht einführen. Nicht, weil sie nicht gewusst hätten, wie (das taten sie) oder weil sie nicht über die nötigen Ressourcen verfügten (das taten sie). Nein, Ford und GM und Toyota führten keinen Tesla ein, weil Autokonzerne wie wir nicht solche Risiken eingehen. Und ihre Kunden sahen das genauso.

Ein Auto herzustellen, das eine solche Wirkung auf die Geschichte der Luxuswagen hatte wie Tesla, war nicht leicht. Musk entschied sich, die schwierigen Extreme anzugehen, indem er den Wagen im Namen seiner Fans positionierte: der schnellste, sicherste und effizienteste Wagen in dieser Größe, den es je gegeben hat. Alles drei.

Dieser Mut steht immer mehr Unternehmen zur Verfügung, da die Technologie sich von »Ist es machbar?« zu »Haben wir den Mut dazu?« verschiebt.

Die NRA als Vorbild

Nur wenige Gruppen werden kontroverser diskutiert als die National Rifle Association. Aber als fokussierte Nonprofit/politische Marketer haben sie keinen Peer.

Sie haben nur 5 Millionen Mitglieder, weniger als 2 Prozent der Bevölkerung. Diese Basis nutzen sie jedoch, um die Haltung und den Fokus unzähliger Abgeordneter zu verändern. Sie werden regelmäßig von den Massen verunglimpft, fahren jedoch fort, Erwartungen in ihre Wirkung, ihr Einkommen und ihr Profil zu verwirren.

Wenn Gemeinnützige davon sprechen, Herz und Verstand von Menschen zu verändern, wenn sie auf »jeden« abzielen und versuchen, zu wachsen, können sie vom NRA entscheidende strategische Lektionen lernen. Indem sie sich auf das kleinste rentable Publikum fokussieren (nur 5 Millionen Menschen), kann die NRA getrost sagen: »Das ist nichts für dich.«

Indem sie jene Mitglieder aktivieren und es ihnen erleichtern, mit ihren Freunden darüber zu sprechen, sind sie in der Lage, eine beträchtliche Hebelwirkung zu erzeugen. Eine Pew-Studie zeigt, dass sich Waffenbesitzer mit mehr als doppelt so großer Wahrscheinlichkeit bei Problemen an Regierungsvertreter wenden als andere es tun.

Die NRA erzeugt bewusst »Menschen wie wir«. Sie fühlen sich wohl mit Insidern und Außenstehenden und geben oft öffentliche Erklärungen ab, die, bestenfalls, bösartig polarisierend sind. Sie haben eine Ecke der Kultur auf beträchtliche Weise verbogen und das haben sie nicht getan durch das Verändern von Weltanschauungen, sondern indem sie sie begrüßten.

Die NRA ist nicht meine Version von »besser«, aber sie stößt zweifellos bei jenen auf Resonanz, denen sie dienen will.

Die beständige, disziplinierte Herangehensweise an ein Thema entspricht exakt dem Umfang der Veränderung, der in unserer Kultur vollzogen wurde.

Den Chef dazu bringen, zuzustimmen

Etwas der Welt schmackhaft zu machen ist das eine, es aber bei einer Person (wie Ihrem Chef) zu vermarkten, fühlt sich ganz anders an.

Obwohl es das nicht ist. Nicht wirklich.

Ihr Chef ist vermutlich nicht darauf erpicht, seine Weltanschauung zu verändern. Er will das, was er schon immer wollte. Er sieht die Dinge durch die Brille seiner Erfahrung, nicht Ihrer. Er ist sich darüber im Klaren, wer die Leute wie wir sind und was sie denken. Er will Dinge tun, die ihm helfen, Ziele zu erreichen, zu denen vermutlich Ansehen, Sicherheit und Respekt gehören.

Wenn Sie mit dem, was Sie wollen, zu ihm gehen, mit einem Fokus auf Preis oder Eigenschaften oder falsche Dringlichkeit, werden Sie sehr wahrscheinlich nicht die gewünschte Antwort bekommen.

Wenn Sie zu ihm gehen und um Befugnis bitten, ohne Verantwortung anzubieten, wird das auch nicht sehr weit führen.

Aber wenn Sie tief graben und die Statusrollen sehen können, Herrschen versus Zugehörigkeit entschlüsseln und Vertrauen nutzen können, um Enrollment zu verdienen, kann sich der Prozess verändern.

Sie können besser produzieren, indem Sie den Menschen dienen, bei denen Sie vermarkten. Sie von Kunden in Schüler verwandeln. Enrollment gewinnen. Unterrichten. Beziehungen herstellen. Schritt für Schritt, Tropfen für Tropfen.

KAPITEL ZWEIUNDZWANZIG

Marketing funktioniert – Jetzt sind Sie an der Reihe

Die Tyrannei von *Perfekt*

Perfekt schlägt Türen zu. Es bestätigt, dass wir am Ende sind, dass dies das Beste ist, was wir tun können.

Schlimmer noch, perfekt verbietet uns, es zu versuchen. Perfektion anzustreben und nicht zu erreichen bedeutet Scheitern.

Die Möglichkeit von *Besser*

Besser öffnet Türen. Besser fordert uns heraus, zu sehen, was es gibt, und bittet uns, uns zu überlegen, wie wir das verbessern können.

Besser bittet uns herein und gibt uns eine Chance, drastische Verbesserung im Namen jener anzustreben, denen wir dienen wollen.

Die Magie von *Gut genug*

Gut genug ist keine Entschuldigung oder Abkürzung. Gut genug führt zu Engagement.

Engagement führt zu Vertrauen.

Vertrauen gibt uns eine Chance, zu sehen (wenn wir uns entschließen, hinzuschauen).

Sehen erlaubt uns zu lernen.

Lernen erlaubt uns, ein Versprechen abzugeben.

Und ein Versprechen gewinnt vielleicht Enrollment.

Und Enrollment ist genau das, was wir brauchen, um *Besser* zu erreichen.

Verschicken Sie Ihre Arbeit. Sie ist gut genug.

Dann verbessern Sie sie.

Hilfe!

Wenn wir es anbieten, sind wir großzügig.

Wenn wir darum bitten, vertrauen wir jemand anderem, uns zu sehen und sich um uns zu kümmern.

Wenn sich dagegen jemand weigert, Hilfe anzubieten oder darum zu bitten, sind alle verschlossen, abwehrend, fürchten einander.

Ohne Beziehungen können wir die Dinge nicht verbessern.

KAPITEL DREIUNDZWANZIG

Marketing für die absolut wichtigste Person

Ist Marketing böse?

Wenn Sie Zeit und Geld investieren (mit Sachverstand), können Sie eine Geschichte erzählen, die sich verbreitet, die Menschen beeinflusst, die das Handeln verändert. Marketing kann Menschen dazu bringen, etwas zu kaufen, das sie ansonsten nicht gekauft hätten, für jemanden zu stimmen, den sie andernfalls nicht in Betracht gezogen hätten, und eine Organisation zu unterstützen, die ansonsten unsichtbar gewesen wäre.

Falls Marketing nicht funktioniert, dann verschwenden viele von uns viel Mühe (und Geld). Aber es funktioniert.

Macht das das Marketing zu etwas Bösem? In einer Geschichte über meinen Blog im *Time* Magazin schrieb der Autor, augenzwinkernd: »Ein Eintrag, den Sie nie sehen werden: Ist Marketing böse? Basierend auf einer langen Karriere in dem Geschäft muss ich mit ›Ja‹ antworten.«

Ich muss richtigstellen, was dieser Experte gesagt hat und füge diesen Eintrag hinzu: Sind Marketer böse? Basierend auf einer langen Karriere in dem Geschäft muss ich mit »Einige von ihnen« antworten.

Ich halte es für böse, Kinder zum Rauchen anzustiften, zynisch, eine Wahl oder politische Abläufe zu manipulieren, Menschen auf eine Weise anzulügen, die verheerende Nebenwirkungen hat. Ich halte es für böse, einen wirkungslosen Trank zu verkaufen, während ein wirksames Medikament verfügbar ist. Ich halte es für böse, mit neuen Methoden aufzuwarten, die das Rauchen akzeptabel machen, damit Sie noch ein paar Euro mehr verdienen können.

Marketing ist schön, wenn es Menschen dazu bringt, sich gegen Kinderlähmung impfen zu lassen oder sich die Hände zu waschen, bevor sie eine Operation durchführen. Marketing ist mächtig, wenn es jemandem ein Produkt verkauft, der Freude oder gesteigerte Produktivität daraus zieht. Marketing ist magisch, wenn es jemanden wählt, der die Gesellschaft zum Besseren verändert. Seit Josiah Wedgwood vor ein paar Jahrhunderten das Marketing erfand, wurde es eingesetzt, um Produktivität und Reichtum zu steigern.

Ich bin ganz schön unverschämt, Ihnen zu sagen, dass das, was Sie tun, möglicherweise unmoralisch ist. Es ist unmoralisch, jemandem das Haus zu stehlen und es bis auf die Grundmauern abzubrennen, aber ist es auch unmoralisch, diese Menschen in die Zwangsvollstreckung zu vermarkten. Nun, wenn Marketing funktioniert, lohnt es die Zeit und das Geld, die wir darin investieren, dann spielt es meiner Meinung nach auch nicht die geringste Rolle, dass Sie »nur Ihren Job machen«. Es ist trotzdem falsch.

Wie bei jedem wirksamen Werkzeug kommt die Wirkung vom Handwerker, nicht vom Werkzeug. Marketing hat mehr Reichweite, mit höherer Geschwindigkeit als je zu vor. Mit weniger Geld können Sie mehr Einfluss haben, als sich jemand vor zehn Jahren auch nur hätte vorstellen können. Die Frage, die Sie sich hoffentlich selbst stellen, lautet: *»Was tun Sie mit dieser Wirkung?«*

In meinen Augen funktioniert Marketing für die Gesellschaft, wenn sich Marketer und Verbraucher beide darüber im Klaren sind, was vorgeht, und beide mit dem letztlichen Ergebnis zufrieden sind. Ich halte es nicht für böse, jemanden glücklich zu machen, indem man ihm Kosmetik verkauft, weil Schönheit nicht das Ziel ist – es ist das Prozedere, das Freude macht. Aber jemanden aus seinem Haus zu lotsen, um eine Verkäuferprovision zu bekommen …

Nur weil Sie etwas vermarkten können, bedeutet das nicht, dass Sie es auch müssen. Sie haben die Macht, also tragen Sie Verantwortung, unabhängig davon, was Ihr Chef Ihnen erzählt.

Die gute Nachricht ist, dass es nicht meine Aufgabe ist, zu entscheiden, was böse ist und was nicht. Sie, Ihre Kunden und deren

Nachbarn jedoch schon. Die noch bessere Nachricht ist, dass ethisches, öffentliches Marketing schließlich die Art verdrängen wird, die auf das Zwielicht angewiesen ist.

Was wollen Sie nun erschaffen?

Was tun wir gegen das Marketingrauschen in unseren Köpfen?

Wo finden wir die Stärke, der Welt unser *Besser* zu bringen?

Warum ist es so schwierig, einen Blickwinkel zu entwickeln? Warum zögern wir, wenn wir der Welt sagen: »Hey, das habe ich gemacht«? Und was ist die Alternative zum Zögern?

Das klingt nicht nach Marketing-Fragen, aber wenn Sie sie unbeantwortet lassen, kommen sie Ihrem Marketing in die Quere. Menschen, die nicht so talentiert oder großzügig sind wie Sie, umkreisen Sie, tauchen als Profis auf. Und doch halten sich zu viele Menschen, die etwas zu bieten haben, zurück.

Es gibt einen Unterschied, gut zu sein in dem, was Sie tun, gut zu sein im Herstellen von etwas oder gut zu sein im Vermarkten. Zweifellos brauchen wir Ihre Fertigkeit. Aber Ihre Veränderung brauchen wir noch mehr.

Sich zu entscheiden, verändern zu wollen, ist ein Riesensprung. Es fühlt sich riskant an, überladen mit Verantwortung. Und möglicherweise funktioniert es nicht.

Wenn Sie der Welt das Beste von sich bieten, Ihre beste Arbeit, und die Welt diese nicht erhält, kann es gut sein, dass Ihr Marketing Mist ist.

Es kann gut sein, dass Sie Einfühlungsvermögen für das haben, was die Menschen fühlen.

Es kann gut sein, dass Sie die falschen Achsen ausgewählt und versäumt haben, zu den Vorstellungen zu gehen.

Es kann gut sein, dass Sie die falsche Geschichte den falschen Leuten auf die falsche Weise erzählen, am richtigen Tag, oder sogar am falschen Tag.

Schön, aber dabei geht es nicht um Sie.

Es geht um Ihre Arbeit als Marketer.

Und Sie können in diesem Handwerk besser werden.

Das, was wir tun – sei es Chirurgie oder Gärtnern oder Marketing – das sind nicht *wir*, das ist unsere Arbeit.

Wir sind Menschen. Unsere Arbeit ist nicht deckungsgleich mit uns. Als Menschen können wir entscheiden, ob wir diese Arbeit tun, und wir können uns dazu entscheiden, unsere Arbeit zu verbessern.

Wenn wir es jedes Mal persönlich nehmen, wenn jemand nicht auf den Link klickt, jedes Mal, wenn jemand den Vertrag nicht verlängert, können wir unsere Arbeit unmöglich professionell verrichten. Dadurch bleiben wir in der Suche nach dem Perfekten stecken. Bleiben ohne Einfühlungsvermögen stecken. Stecken in einer Ecke, blutend und mit Schmerzen, weil wir persönlich geschmäht wurden.

Eine Möglichkeit, das zu vermeiden, besteht im Erkennen, dass Marketing ein Prozess und ein Handwerk ist.

Nur weil der Tontopf, den Sie auf der Drehscheibe geformt haben, im Brennofen zerbrochen ist, bedeutet das nicht, dass Sie kein guter Mensch sind. Es bedeutet einfach nur, dass Ihr Topf gesprungen ist und dass vielleicht ein paar Unterrichtsstunden im Töpfern Ihnen helfen werden, weiterzumachen. Sie können es besser.

Machen Sie sich klar, dass das *Besser*, das Sie als Marketer der richtigen Person beibringen oder verkaufen wollen, sehr viel mehr wert ist, als das, was Sie berechnen.

Wenn Sie Geld für einen wohltätigen Zweck sammeln wollen, dann wird jemand, der 100 oder 1000 oder 1 Million Euro spendet, das nur tun, weil er dafür mehr Wert bekommt, als ihn die Spende kostet. Wenn Sie für 1000 Euro ein Gerät verkaufen, dann werden die einzigen Menschen, die das kaufen, es tun, weil sie das Gerät für wertvoller halten als 1000 Euro.

Wenn wir vermarkten, bringen wir der Welt Wert. Deshalb beauftragen Menschen uns.

Wenn Sie den Wandel nicht vermarkten, den Sie beitragen wollen, dann stehlen Sie.

Hier bieten Sie mehr Wert, als Sie berechnen. Es ist ein Schnäppchen. Ein Geschenk.

Falls Sie zögern, Ihr Angebot ordentlich zu vermarkten, liegt das nicht daran, dass Sie schüchtern sind. Sie sind auch nicht vorsichtig. Sie verwehren es jemandem, der von Ihnen erfahren, sich auf Sie einlassen oder von Ihnen kaufen muss.

Jemand wird von Ihrem *Besser* profitieren, wenn Sie keine Mühen scheuen und es vermarkten.

Da ist ein Schüler, der bereit ist, sich sofort anzumelden. Da möchte jemand einen Guide, weil er irgendwohin möchte. Wenn Sie zögern, sich mit Einfühlungsvermögen zu verausgaben, sie zu hören, dann lassen Sie uns im Stich.

Der Beitrag des Marketers ist die Bereitschaft zu sehen und gesehen zu werden.

Um das zu tun, müssen wir uns selbst vermarkten können, uns jeden Tag selbst verkaufen. Uns selbst verkaufen für das, was wir bewirken können, wenn wir mit Großzügigkeit und Sorgfalt durchhalten.

Sie erzählen sich selbst eine Geschichte. Jeden Tag.

Wir können an uns selbst vermarkten, dass wir kämpfen. Wir können uns sagen, dass wir unbekannt sind und es verdienen, dass uns niemand kennt. Wir können uns sagen, dass wir ein Schwindler sind, ein Betrüger, ein Manipulator. Wir können uns sagen, dass wir zu Unrecht ignoriert werden. Diese Geschichten sind so wahr, wie wir wollen, dass sie es sind. Und wenn Sie sich eine Geschichte oft genug erzählen, machen Sie sie wahr.

Dinge verbessern. Gut möglich, dass die Sache, die Sie vermarkten, kein echtes Bedürfnis befriedigt, dass keine gute Strategie dahinter steckt, und dass Sie egoistisch sind, zu denken, dass Sie daran festhalten sollten, nur weil Sie es geschaffen haben.

Jagen Sie es in die Luft. Fangen Sie neu an. Machen Sie etwas, auf das Sie stolz sind. Vermarkten Sie etwas, auf das Sie stolz sind. Aber sobald Sie es getan haben, sobald Sie jemandem in die Augen geschaut haben und derjenige gefragt hat: »Würden Sie das für mich noch einmal tun?«, sobald Sie einem Schüler Wert gebracht haben, weil Sie ihn unterrichtet und ihm geholfen haben, den nächsten Schritt zu erreichen, tun Sie es wieder und dann noch einmal. Weil wir Ihren Beitrag brauchen. Und wenn Sie Schwierigkeiten haben, Ihren Beitrag zu leisten, machen Sie sich klar, dass Ihre Herausforderung eine Geschichte ist, die Sie sich selbst vermarkten.

Es ist das Marketing, das wir für uns selbst tun, an uns selbst, allein, die Geschichte, die wir uns erzählen, die alles verändern kann. Es ist das, was Ihnen ermöglichen wird, Wert zu schaffen, vermisst zu werden, falls Sie fort wären.

Ich kann es kaum erwarten, was Sie als Nächstes angehen werden.

Eine Marketing Leseliste (in ungeordneter Reihenfolge)

Es gibt 1000 Bücher, von denen ich mir wünsche, dass Sie sie lesen, aber ich habe versucht, Bücher hervorzuheben, die sich vorrangig mit Marketing beschäftigen, vor allem mit der Art von Marketing, die wir in diesem Buch besprochen haben.

Crossing the Chasm von Geoff Moore

The Long Tail: Nischenprodukte statt Massenmarkt Das Geschäft der Zukunft von Chris Anderson

My Life in Advertising and Scientific Advertising von Claude Hopkins

Ogilvy über Werbung von David Ogilvy

Adcreep von Mark Bartholomew

Who Do You Want Your Customers to Become? (Ein kurzer moderner Klassiker von Michael Schrage.)

Creating Customer Evangelists: How Loyal Customers Become a Volunteer Salesforce von Jackie Huba und Ben McConnell

Die neuen Marketing- und PR-Regeln im Social Web: Wie Sie mit Social Media und Content Marketing, Blogs, Pressemitteilungen und viralem Marketing Ihre Kunden erreichen (mitp Business) von David Meerman Scott

Der totale Verkaufserfolg: Verkaufen kann man alles: Strategie, Situation und Ausstrahlung entscheiden (Zig Ziglars Buch ist genauso über Marketing wie über Verkaufen.)

Positioning: Wie Marken und Unternehmen in übersättigten Märkten überleben von Jack Trout und Al Ries

Purple Cow: Transform Your Business by Being Remarkable von Seth Godin

Tribes: We Need You to Lead Us von Seth Godin

All Marketers are Liars von Seth Godin (Von all meinen Büchern über Marketing trifft dieses am meisten auf den Punkt.)

Unleashing the Ideavirus: Stop Marketing AT People! Turn Your Ideas into Epidemics by Helping Your Customers Do the Marketing for You (Ebenfalls von mir.)

Direct Mail Copy That Sells von Herschell Gordon Lewis (Einer seiner vielen Klassiker über Copywriting.)

A New Brand World: Eight Principles for Achieving Brand Leadership in the Twenty- First Century von Scott Bedbury und Stephen Fenichell

The Culting of Brands: Turn Your Customers into True Believers von Douglas Atkin (Ein übersehenes Juwel.)

Selling the Dream von Guy Kawasaki (Sein bestes Buch.)

The Four Steps to the Epiphany von Steve Blank (Ein Start-up-Buch mit wesentlichen Marketingerkenntnissen.)

Tipping Point: Wie kleine Dinge Großes bewirken können von Malcolm Gladwell

Marketing: A Love Story: How to Matter to Your Customers (Bernadette Jiwa ist brillant und ich empfehle alle ihre Bücher.)

Syrup von Max Barry (Der beste Marketingroman, der je geschrieben wurde.)

Free: The Future of a Radical Price von Chris Anderson

Rocket Surgery Made Easy von Steve Krug (Ein überraschendes Buch über Tests.)

Guerilla Marketing des 21. Jahrhunderts: Clever werben mit jedem Budget von Jay Levinson und Seth Godin

The Regis Touch von Regis McKenna

New Rules for the New Economy von Kevin Kelly

Talking to Humans: Success Starts with Understanding Your Customers von Giff Constable (ein erweiterter Blogpost über das Reden mit Kunden.)

The Tom Peters Seminar: Crazy Times Call for Crazy Organizations von Tom Peters

The Pursuit of Wow! Every Person's Guide to Topsy-Turvy Times von Tom Peters

Frag immer erst: Warum von Simon Sinek

The Experience Economy, Updated Edition von Joseph Pine und James Gilmore

Meaningful Work von Shawn Askinosie

Die ultimative Frage 2.0: Wie Unternehmen mit dem Net Promoter System kundenorientierter und erfolgreicher sind von Fred Reichheld

Business Model Generation: Ein Handbuch für Visionäre, Spielveränderer und Herausforderer von Alexander Osterwalder und Yves Pigneur

The War of Art and Do the Work von Steve Pressfield (Warum Sie vielleicht eine schwere Zeit durchstehen müssen, wenn Sie das tun, von dem Sie wissen, dass es funktioniert.)

Ein einfaches Marketing-Arbeitsblatt

- Für wen ist es?
- Wofür ist es?
- Wie ist die Weltanschauung des Publikums, das Sie zu erreichen versuchen?
- Wovor haben sie Angst?
- Welche Geschichte werden Sie erzählen? Ist sie wahr?
- Welche Veränderung wollen Sie herbeiführen?
- Wie verändert es deren Status?
- Wie erreichen Sie die Erstanwender und Neophilen?
- Warum werden sie es ihren Freunden erzählen?
- Was werden sie ihren Freunden erzählen?
- Wo ist der Netzwerkeffekt, der das vorantreiben wird?
- Was für ein Kapital bauen Sie auf?
- Sind Sie stolz darauf?

Danksagung

Ich kenne keine wirklich originellen Ideen, die wie ein Blitz aus heiterem Himmel kommen. Und wenn ich mir großartige Ideen ausleihe und auf interessante Weise neu kombiniere, kann ich vielleicht etwas für den nächsten beitragen.

Für dieses Buch habe ich mir sogar noch mehr ausgeliehen als sonst. Von Michael Schrage, von Bernadette Jiwa, und von Tom Peters, zu, na ja, allem. Es sind auch ein paar Sachen aus meinem Blog aufgenommen. Und natürlich danke an Pam Slim, Jackie Huba, Jenny Blake, Brian Koppelman, Michael Bungay Stanier, Alex Peck, Steve Pressfield, Shawn Coyne, Al Pittampalli, Ishita Gupta, Clay Hebert, Alex DiPalma, David Meerman Scott (Deadhead), Amy Koppelman, Nicole Walters, Brené Brown, Marie Forleo, WillieJackson.com, Jacqueline Novogratz, John Wood, Scott Harrison, Cat Hoke, Michael Tremonte, Keller Williams, Tim Ferriss, Patricia Barber, Harley Finkelstein, Fiona McKean, Lil Zig Ballesteros, Zig Ziglar, David Ogilvy, Jay Levinson, Sheryl Sandberg, Adam Grant, Susan Piver, Aria Finger, Nancy Lublin, Chris Fralic, Kevin Kelly, Lisa Gansky, Roz Zander, Ben Zander, Micah Sifry, Micah Solomon, Teri Tobias, Tina Roth Eisenberg, Paul Jun, Jack Trout, Al Ries, John Acker, Rohan Rajiv, Niki Papadopoulos, Vivian Roberson, den Studenten bei The MarketingSeminar.com, und den Coaches Travis Wilson, Françoise Hontoy, Scott Perry, Louise Karch sowie der außergewöhnlichen Kelli Wood, Marie Schacht, Sam Miller und Fraser Larock. And Maya P. Lim, Jenn Patel und Lisa DiMona. Danke an Alex, Sarah, Leo und Future Peck sowie den Alumni und Coaches von alt mba.com. Besonderer, unendlicher Dank an Alex Godin, Mo Godin und natürlich Helene.

Über den Autor

Seth Godin wurde 2018 in die AMA Marketing Hall of Fame aufgenommen. Das ist der Höhepunkt von mehr als 30 Jahren des Unterrichtens, Führens, Startens, Zusammenarbeitens, Scheiterns, Engagierens und Suchens.

Seth leitet TheMarketingSeminar.com, den intensiven Workshop, auf dem dieses Buch basiert. Er schuf auch den altMBA, einen bemerkenswerten einmonatigen Workshop, der Führungskräften hilft, ein höheres Niveau zu erreichen. Seth ist Autor von 18 Bestsellern, die in mehr als 35 Sprachen übersetzt wurden, und Verfasser eines der weltweit bekanntesten Blogs, seths.blog.

Er hat mit Jay Levinson, Bernadette Jiwa, Adrian Zackheim, Lester Wunderman, TED, Jay Chiat, Tom Peters, Michelle Kydd Lee, Jerry Shereshewsky, dem *Harvard Business Review*, NYU, dem MIT Media Lab, Mayor Alan Webber, Bill Taylor, Steve Wozniak, Steve Pressfield, Krista Tippett, Cat Hoke, Scott Harrison, Michelle Welsch, Jacqueline Novogratz sowie Veränderern, Führungskräften und Unruhestiftern auf der ganzen Welt zusammengearbeitet. Erfahren Sie mehr auf TheMarketingSeminar.com

Stichwortverzeichnis